科學家都在做什麼？

21位現代科學達人為你解答

郭雅欣、陳雅茜、許雅筑、鄭茜文 等／著

遠流

透過第一手訪談，讓科學達人的初心躍然讀者心上

期待許久，總算盼到了以臺灣科學家為主角編寫的書。希望藉由這些臺灣科學達人的採訪分享，讓孩子更清楚了解真實的科學工作。

——**王昭棠** 「地方爸爸與他的小幫手們」粉專版主

探索、熱情與真誠充滿了書頁，每篇故事都充滿人味與趣味，一掃過往只要想到科學就是實驗室的冰冷與距離感。在這個父母擔憂孩子未來、孩子探尋自己未來的教養焦慮年代，本書在科學視野之餘，同時觀照了認識自己，從熱愛的事物和生活出發，以及家人、環境的支持終將使人有多喜歡就會多努力的和科學走出可親、可愛的美好旅程。

——**李曉玲** 閱讀推廣人

這二十一位科學達人，不管是從小就想當科學家、繞了一點路才當科學家或是意外的收穫……，都將現今當代科學人的歷程、日常、深層想法呈現，無論以科學的概念或職涯

想像來看，都是珍貴且重要的一本書，鄭重推薦給您！

——**林怡辰** 教育部閱讀推手

在科技已無所不在的今天，科學家和生活的連結更加密切，只要有興趣，到處都是實驗場域；只要有方向感，哪怕繞點路，還是能進入科學的殿堂。書中科學家們在做自己最喜歡的工作的同時，開拓了人類的視野、提升了文明的境界，真是幸福極了！

——**洪士灝** 臺大資工系教授兼系主任

什麼是科學家？我的答案是保持熱情與存疑，練習觀察並尋找問題，嘗試推翻既有概念，並讓答案被邏輯一刀貫穿，這樣的人就是科學家。科學其實並不遙遠，它存在每個人的心中，在我們每次從蒙昧睜開眼的瞬間。願這本書的內容，能幫助各位家長與孩子找到對科學的興趣，並讓自身與世界更完善。

——**粘迪舜** 親子專欄作家

或許是從小到大直線達標的夢想，也或許是繞路尋覓隨性踏進的風景，「科學家」是書中人物引以為傲的職業與頭銜之一。鑑識科學、眼科醫學、動物研究、機械探究……藉由本書的誕生，我們得以窺見每個達人背後的初心，以及各種場域需要的能力。

——**葉奕緯** 彰化縣立田中高中國中部教師

（按姓氏筆劃排列）

目錄

3 意外的收穫

4 我有一個太空夢！

導讀

好奇是科學探索的動力
科技知能是現代生活所必需

中華民國前副總統
陳建仁

我有四個外孫，他們對於生活中的各樣事物都很感興趣也相當好奇，同時很喜歡問為什麼。他們對各式各樣的動物、植物或礦物都會認真觀察比較，動物園、植物園、博物館也是他們喜歡參觀瀏覽的地方。對於大自然的現象，他們有著無限的想像，更常常問老師、家長很多好問題，像是太陽為什麼會發光？為什麼會颳風下雨？種子為什麼會發芽長成大樹？恐龍那麼厲害怎麼會滅絕？鴿子為什麼

會找到很遠的家？蠶怎麼會吐絲變成蛾？酸的小李子怎麼會變大變甜？葡萄怎麼會變成酒再變成醋？他們的問題真是琳瑯滿目啊！

像這樣的好奇心，是科學探索的動力，從中發展出來的科技知能，更是現代生活所必需。但從好奇到擁有科學或科技知能，是如何達成？而掌握或鑽研科學與科技的達人們，研究與工作的內容又是什麼？

遠流科學少年編輯部出版的《科學家都在做什麼？》一書，匯集了二十一位傑出科學達人的故事。他們講述了自己從事科學家或發明家工作的歷程，娓娓道出科學探索與發明創造的樂趣和挑戰，相當引人入勝。這些達人的研究主題包括天文學、醫學、動物學、昆蟲學、植物學、化學、建築學和機器人學，可以滿足各個青少年的好奇。

每一位科學達人在自己的專業領域，都有相當深入的研究，也很樂於分享他們的重要經歷與成果，他們的努力讓我們更加認識整個宇宙的美麗和多采多姿，也對保護大自然或增進人類福祉有所貢獻。我希望小讀者們看了這本書，能夠學習到這些達人們好奇求知、仔細觀察、認真實驗、不斷發明的精神，不但可以創造新知，也可以發明新物品來改善人類的生活。

創建更美好的未來

這本書也讓我重新回顧自己的歷程，思索科學學習可能對社會產生的影響。我從小喜愛自然科學，在初中、高中時對於生命科學特別感興趣。我在大學讀了森林系和動物系，對於生命的奧妙相當著迷，努力學習細胞、組織、生理、胚胎、遺傳、生物化學、分子生物學等各種有趣的知識和技術，到現在都還念念不忘。後來我繼續攻讀流行病學，探討各種流行病的病因和自然史，也研究預防和治療疾病的妙方。

類似這樣的科學學習與研究，可以為一個社會建立有益的基礎。舉個例子來說，二〇一九年底中國武漢爆發新冠肺炎，科學家就要探討是什麼原因引起這種病？怎樣檢出引起疾病的病毒？病毒是怎樣散播？有什麼方法來阻斷病毒的傳染途徑？有什麼藥物可以治療病人？怎樣製造疫苗來預防感染或死亡？環境中的病毒要怎麼清除？找到這些問題的答案，就會找到解決的方案，讓健康的人不受感染，讓病人早日痊癒、避免死亡，當然也讓疫情得到很好的控制。

臺灣的防疫做得很好，正是奠基在這樣的基礎上。大家有基本的知識，了解新冠肺炎的罩門，所以願意自動自發的勤洗手、戴口罩、保持社交距離、避免群聚活動、有病趕快就醫而不上學、密切接觸者居家隔離、踴躍接種疫苗，使得感染病毒的機會減少。大家都明白「保護自己也保護別人」的道理，才使得臺灣社會大多數人都能保有健康。

很好的科學知識，加上創新發明，能夠使我們的生活更安全、更健康、更美好。《科學家都在做什麼？》書中的達人，因為不同的原因各自走上科學的道路，卻不約而同懷抱著造福社會的精神。很希望各位小讀者看了這本書，能對科學知識產生興趣，也具有科技新知能。更歡迎大家加入科學家和發明家的行列，一起來探討大自然的奧祕，共同創造人類更美好的未來。

為什麼要學科學？

聽聽孫維新怎麼說

物理、化學、生物、數學……
科學科目這麼難，你曾疑惑為什麼要學嗎？
如果想當科學家，不能不知道科學對我們的影響。

你心目中的科學家長什麼模樣？是像愛因斯坦一樣滿頭亂髮、不修邊幅？或總是嚼著一口難懂的文字，信手拈來就是一串深奧的公式？

這可不一定，臺灣有個科學家，身形高大挺拔，總是打扮得宜，說起話來嗓音低沉迷人，幽默之處令人開懷大笑，睿智之處又發人省思。

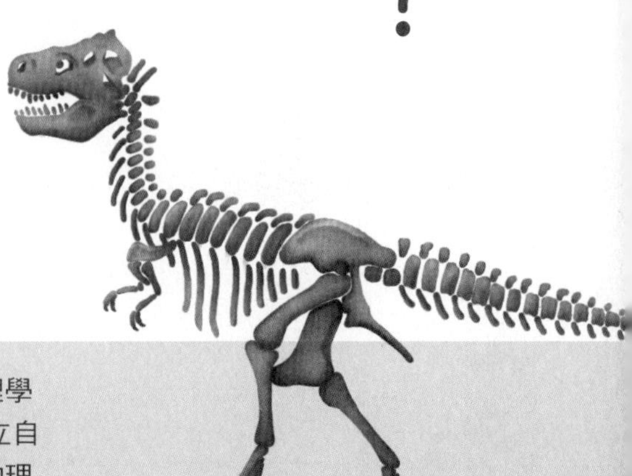

■加州大學洛杉磯分校天文物理學博士，2011 到 2021 年擔任國立自然科學博物館館長，現為臺大物理學系暨天文物理研究所教授。

科學的重要，
第一在理性和諧，
第二在富足小康，
第三在趨吉避凶。

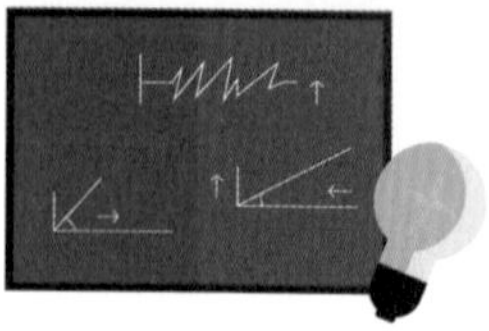

他除了深究宇宙的奧祕，對滿天星斗有獨特見解，更允文允武，能寫書法能唱戲，也能把哈雷與牛頓的故事寫成舞臺劇。他，是臺大的孫維新教授。

孫維新是臺大物理系畢業生，留美天文博士，曾在美國NASA工作過一段時間，返臺後為提升臺灣在天文科學方面的研究和教育，擔任教職。他曾在中央大學服務，協助建立玉山國家公園的鹿林天文臺，以及位在青藏高原和墾丁的天文臺，天際還有一顆小行星以他為名。他在公共電視製作的《航向宇宙深處》系列影集，榮獲金鐘獎肯定；在臺大開設的課程「認識星空」吸引上千名學生排隊選課；筆下的《孫維新談天》一書，更贏得金鼎獎推薦。在擔任自然科學博物館館長期間，孫維新對於推廣科學教育更不遺餘力，啟發許多民眾與莘莘學子對科學的興趣。

對他來說，科學是研究，更是值得推廣給大眾的迷人領域。許多人問，到底為什麼要學科學？科學有那麼重要嗎？關於這些問題，孫教授有他獨特的見解，聽聽他怎麼說，或許我們對學科學這件事，再也不會感到迷惑。

Q&A

科學對有些人來說似乎比較遙遠，有些人甚至會排斥。到底科學是什麼？

孫維新教授（以下簡稱孫）：首先大家要了解，科學並不是一個存在很久的項目，而是過去三四百年才發展出來的領域。大約四百年前的伽利略，都還只是在觀察現象，提出解釋，設法找出大自然運作的原理。由於科學工作者對自然現象有著莫大的好奇，所以會有恆心和毅力把現象背後的道理找出來。科學其實就是設法找到適當的理論，建立模型，去解釋看到的現象。科學來自生活，並不嚴肅也不可怕。只要你有好奇心，就會對科學有興趣！

大家都該認識科學嗎？

孫：每個人都應該具備基礎的科學常識，但是並不是說所有人都該當科學家，喜歡藝術或文學也很好，不過，科普知識在生活中有幾個重要效果。

科學的重要效果在哪裡呢？

孫：首先是讓社會大眾有明辨是非的能力，這樣整個社會就能趨向理性和

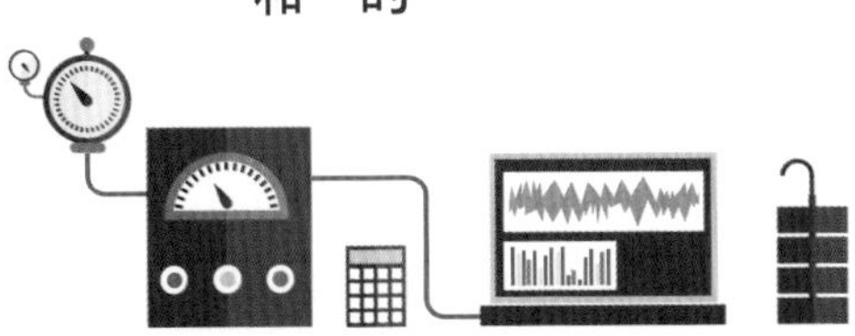

諧。我們常在新聞裡看到社會上的各種問題，例如桃園海岸的藻礁，因為中油公司要建設天然氣的接收站，大家激烈討論是否會破壞藻礁，學界、媒體和政府各說各話，但我們若連藻礁是什麼都不知道，怎麼判斷誰是誰非呢？藻類和珊瑚一樣，都能造礁，能夠保護海岸不受侵蝕，而且上面很多孔隙，許多生物都能藏身其中，所以可以創造良好的生物多樣性，是對環境友善的自然現象！但如果沒有這些科學知識我們無從判斷，只能被牽著鼻子走。臺灣現在有許多問題都以政治手段解決，像核能要不要發展？電價要不要漲？這些問題的本質都是科學議題，用科學方法分析解決，就沒什麼好吵的了。

第二是能讓人富足小康，有了科普常識，可以解決生活中的問題，也就能創造商機！換句話說，科學可以幫你賺錢！舉個例子，宜蘭有位農民看到中部的高接梨價錢不錯，心想宜蘭的氣溫也差不多，就把高接梨移到宜蘭種。幾年後樹長成了，開了滿樹白色梨花，但隔年卻一個果子都沒結！他感到奇怪，為什麼開花卻不結果？是不是沒有蜜蜂了？於是他在梨樹附近裝了盒子來抓蜜蜂，結果抓到了，可見並不是沒有蜜蜂。他又想，是否因為宜蘭多雨，即使蜜蜂傳花授粉，花粉卻被雨水沖掉了？於是他在每個花朵上面加個小傘，隔年，梨樹結實纍纍！這位農民在做的事，就是科學家做的事！

科學研究有四大步驟：觀察現象、提出理論、設計實驗，得到結論。農民運用這樣的邏輯思考，觀察現象後猜想可能的原因，再一個個設計實驗，

科學研究四大步驟

①觀察現象
既然有蜜蜂，為什麼還開花不結果呢？
②提出理論
是因為宜蘭多雨，把花粉沖走嗎？
③設計實驗
幫梨花撐傘擋雨看看。
④得到結論
科學能幫你賺錢！

最後得到結果。

這位農民做的事不單有著科學知識，還使用了科學的邏輯思考，可見就算不是科學家，照樣可以用科普知識來解決問題，甚至賺錢。

第三是趨吉避凶。舉個例子，加州舊金山是全世界最容易發生地震的地方之一，因為加州有一個聖安地列斯大斷層，長度超過一千公里——臺灣中部引發九二一大地震的車籠埔斷層不過一百多公里，斷層愈長，一旦發生錯動，引發的災難就愈大。美國地質學家研究這個斷層的剖面，從褶皺和扭曲可看出過去地震發生的頻率，也就能預測未來何時會再發生大地震。

研究發現，聖安地列斯大斷層在九百年裡發生過九次大地震，平均每一百年一次，誤差範圍二十年，也就是每八十到一百二十年發生一次大地震。上一次舊金山大地震發生在一九〇六年，加上一百是二〇〇六年，再加上誤差是二〇二六年。今年是二〇二一年，就知道現在風險已經很高，如果有親友住在舊金山地區，趕快打電話建議他們搬遠一點（笑）。

科學無法讓災難不發生，但可以讓人

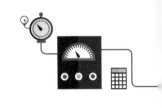

知道大約何時何地可能有災難，我們就能趨吉避凶。

科學還有什麼特色嗎？

孫：誠實！科學家具備一個很重要的特質——對自己誠實，這是身為科學家最重要的條件。法國大革命時，平民推翻貴族的統治，設置了斷頭臺，不過斷頭臺的品質不好，常常卡住，但每個人只能砍一次頭，如果機器卡住，那人就能無罪釋放。某天，三個人要上斷頭臺：第一人上去，刀一放卡住了，這人高興的跑掉；第二人上去，刀一放又卡住，第二人又跑掉；輪到第三人時，刀正要放下，他說先不要砍，我是物理學家，經過兩次觀察，我知道問題在哪裡了，我先幫你修好……這當然是個笑話（笑），但對學科學的人來講，他最關心的是真相是否正確且完整的揭露，至於揭露後對自己是好是壞，並不重要。

科學家做研究的目的有二，第一是發現真相，第二是傳播真相，在社會各個領域裡，如果都有這種想要發現真相、傳播真相，並且堅持科學態度的人，我想社會一定會日趨理性和諧！

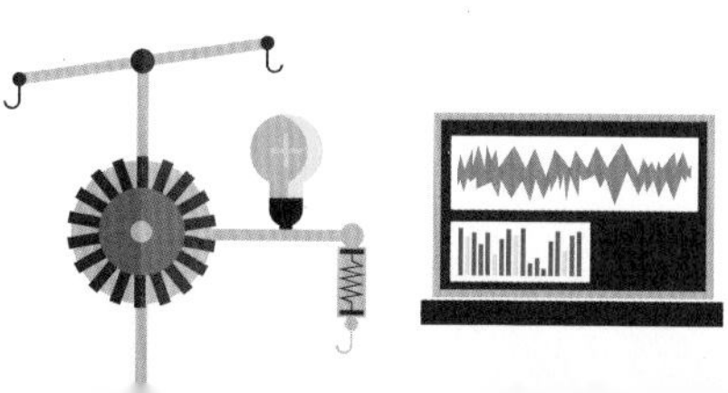

1

這是我從小的志趣

鑑識神探

李昌鈺

知識、勇氣、誠實，是做鑑識人員最要緊的三件事！來看享譽國際的鑑識大師，如何走入這行、成為專家？

說起李昌鈺，可是無人不知、無人不曉的神探！每當臺灣遇到重大而困難的案件，第一個想到的諮詢對象，就是李昌鈺！例如留美學生孫安佐的案子、前總統陳水扁的三一九槍擊案……。

他出生在中國，成長在臺灣，居住在美國。耄耋之年的他是鑑識科學界的國際級大師，享譽全球。而這份成就，是他一步一腳印、點滴累積出來的。

李昌鈺有十二位兄弟姊妹，父親很早就去世，由母親一手帶大家裡十三個孩

子。儘管家境清苦，母親卻很重視孩子的教育，認為再窮也要讀書、再窮也要有志氣，必須好好做人！這對李昌鈺一生影響重大。

經濟因素讓李昌鈺選擇考入中央警官學校，也就是現在的中央警察大學。在那裡念書不用繳學費，三餐住宿、制服課本都由國家提供，每個月還有零用錢。當完兵後他決定出國深造，於是帶著妻子與僅有的五十美元前往美國，一邊打三份工，一邊重新念大學，那時他已經二十七歲，但拚著命只用四年半的時間，完成了大學和碩士、博士的課程。

畢業後，李昌鈺得到幾個優渥的工作機會，但警察出身的他不忘初衷，

刑事鑑識學專家，中央警官學校畢業，紐約大學生物化學博士，是臺灣史上最年輕的警長。

選擇前往紐哈芬大學擔任刑事科學老師，開設鑑識科學課程，最後還創立了「李昌鈺鑑識科學研究所」。在四五十年前，鑑識科學並不像今天這麼熱門。但李昌鈺秉持著「化不可能為可能」的精神不斷努力，協助偵破無數案件，之後還成為康乃狄克州警政廳廳長；華人能在美國警界立足，可是非常不容易的事！

來自各地、各國的邀約無數，有的請他協助辦案，有的希望他前往演講、授課。李昌鈺已不知繞著地球飛過幾圈了！截至目前為止，他的鑑識足跡行遍全球四十六個國家、八千起案件，而且數字還在不斷累積中。

Q&A

請問鑑識工作最重視什麼？

李昌鈺博士（以下簡稱李）：從事鑑識工作，除了要有邏輯，還要有很好的科學基礎，而且要很刻苦勤勞。

科學鑑識跟一般的偵查有點不同，偵查時，通常是用「演繹推理*」，就

*註：演繹推理是指根據已知的前提來推導結論。

跟福爾摩斯一樣，但是在二十一世紀，要用多種邏輯方法和實驗來確認，不斷的努力學習。

成為鑑識專家需要具備哪些才能呢？

李：在國外，許多孩子都對鑑識科學有很濃厚的興趣。我們每年在紐哈芬大學也有舉辦鑑識科學夏令營，歡迎大家到美國來學習。同時也可以經常閱讀科學類雜誌，吸收科學的知識，然後進入實驗室實習，這樣的話，就能夠在鑑識領域更上一層樓。

您認為破案的關鍵是什麼呢？

李：一個案件要破，需要四個條件：現場、物證、人證、運氣，就像打造一張桌子，需要四支腳才站得穩；這叫桌腳理論。當案件發生時，現場必須保持完整，才能找尋重要證據，也因此要拉起層層封鎖線，禁止不相干的人進入。物證是指現場裡可能成為證據、提供破案線索的物件。人證是

面對困境，只有一條路不能選擇，那就是放棄的路。只要勇敢挑戰不可能，就有希望。

和案件有關的人，如被害人的親友、案件目擊證人、嫌犯……，他們會提供和案件相關的證詞。最後，要破案還得靠一點運氣。

對於鑑識科學有興趣的讀者，博士有什麼話想告訴他們？

李：鑑識工作是很專業而且長久的工作，我平均每天工作十六小時，所以身體一定要好，精神一定要集中。另外我也常鼓勵孩子，一定要有知識、要有勇氣，還必須誠實，這是做鑑識人員最要緊的三件事。

李昌鈺是第一個在美國當上州政府警政廳廳長的亞洲人。圖為 2004 年，他在美國康乃狄克州協助槍擊案件的調查。

紐哈芬大學「李昌鈺鑑識科學研究所」的辦公室，滿牆獎章記錄他的破案功蹟。上圖為研究所外觀。

秒殺破案實錄

李博士破案無數，最短的只花了兩秒！有位先生報案說自己的妻子昏倒了，刑警一到現場，卻發現她已經命喪黃泉。當時李昌鈺也在現場協助蒐證，眼尖的他看到那位太太的小指甲前端撕裂，有一小片不見了；他同時觀察到先生的神情怪異，於是請先生把衣物脫下讓他搜索，果不其然，在先生反折的褲腳裡找到了太太的指甲片。證物已被找到，先生百口莫辯，坦承是他下的毒手。案件於是宣告偵破！

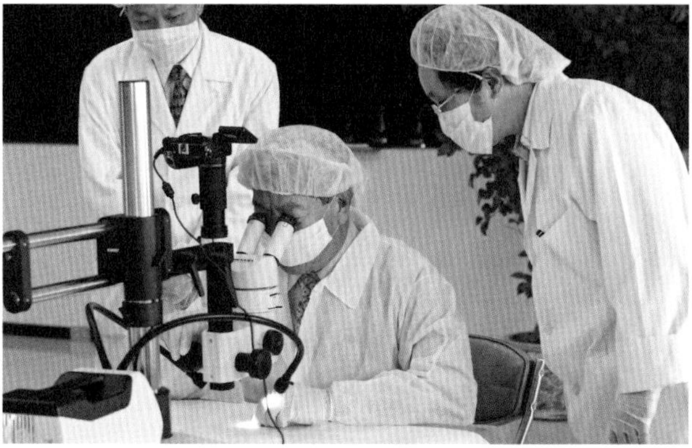

李昌鈺對臺灣鑑識教育投注不少心力，並且好幾度返臺協助辦案，指導後輩。圖為 319 槍擊案中，他專心檢視物證並向一旁的鑑識人員說明的模樣。

臺灣女福爾摩斯

程曉桂

從小喜歡偵探故事的她，經過不斷努力學習，長大後也成了偵

故事裡的福爾摩斯是男的，不過臺灣有位女福爾摩斯：程曉桂。臺灣一些重大案件，例如清華大學王水案、臺北市新生南路麵包店爆炸案、高鐵炸彈案、花蓮五子命案……，總少不了她鑑識的身影。

畢業自中央警察大學刑事系，曾任刑事警察局刑事鑑識中心主任，現為警大鑑識科學學系兼任教師。從事鑑識工作35年，曾參與多起重大刑案的偵辦。

程曉桂從小愛看書，尤其對名偵探福爾摩斯的故事很感興趣，像是《血字的研究》、《四簽名》等。高中畢業後，她考上三所學校，但考慮到家中的經濟狀況，決定進入中央警察大學；她考上的刑事系相當符合自己的興趣，可以協助法醫工作，也能學習指紋辨識、驗槍。小時候書裡的情節，就這麼成了真實生活的一部分。

不過，警大的生活可不輕鬆，除了在教室聽課，還要打靶、練體能。當時女學生很少，男女的比例懸殊，大約每十五個男生才有一個女生，但是上體能訓練時，女生並不會得到優待，一樣要在操場上流汗長跑，和男生拚柔道、摔角。程曉桂也常待在圖書館，看書求學問，她說：「當年有的書寫得真好，比老師上課還更清楚、精彩。」

警大畢業後，程曉桂進入刑事警察局*，跟著前輩學習；已故的知名法醫楊日松、刑事鑑識中心成立的大推手翁景惠，都是程曉桂的恩師。為了更加精進求知，她又進入研究所攻讀刑事鑑識，甚至在生產後剛坐完月子，就打包行李直奔美國，向鑑識界大老李昌鈺拜師學藝。「當時我們幫老師貼命案照片，老師教我們怎麼從血跡研判命案發生時的狀況。」

原來，程曉桂高超的破案能力，是不斷努力學習的結果，舉凡指紋、DNA、彈道、血跡噴濺……，甚至犯罪心理學，只要跟鑑識有關、有助於破案，她都不放過；再結合她多年的辦案經驗與團隊合作，發揮思考推理能力，才能偵破如此多的重大案件。

在鑑識領域奉獻三十五年光陰後，程曉桂現在卸下了鑑識中心主任的重擔，但她退而不休，每天仍不斷吸收新知，並且投入教育英才的行列。讓我們來聽聽這位女福爾摩斯分享辦案現場的經驗談。

＊註：簡稱「刑事局」，層級比一般警察局高，地位好比美國 FBI。

什麼是鑑識人員？和警察一樣嗎？

程曉桂老師（以下簡稱程）：一般談到鑑識人員，大多指案件發生之後，負責到現場勘察的專業人員。我們具有警察的身分，但是不抓犯人，主要負責到現場採集證據，或在實驗室從事化驗工作。偵查案件或逮捕嫌犯則是由刑警負責。

鑑識人員在哪裡工作？能不能描述一下工作內容？

程：工作地點可能在刑事警察局、各

2004 年的總統大選前夕，發生驚動全臺的 319 槍擊案，前總統陳水扁在宣傳車上遭人開槍射擊。右圖中的程曉桂正在檢查宣傳車上的彈孔。

勘察前，程曉桂會跟勘察小組做勤前教育。左圖中的程曉桂正為巴拿馬籍「土佐輪」撞翻我國「新同泉 86 號」案件，跟大家說明勘察重點。

縣市警察局或分局。工作內容可大略分成兩部分，第一部分是在案件發生後，到現場勘察、採集證據，可能是指紋、鞋印、血跡、手機或電腦內的資訊等；第二部分則在實驗室內，現場採搜到的蛛絲馬跡會送入實驗室，由另一批鑑識人員做更細部的採證或分析，有的還要與電腦資料庫進行比對，像是指紋、DNA，用來找尋與案件有關的證據。這些證據有可能證明犯罪，或排除無關的人或事，最後交由偵查人員綜合案情完成報告，把案件移送到地方檢察署，這叫「移送

鑑識人員穿什麼？

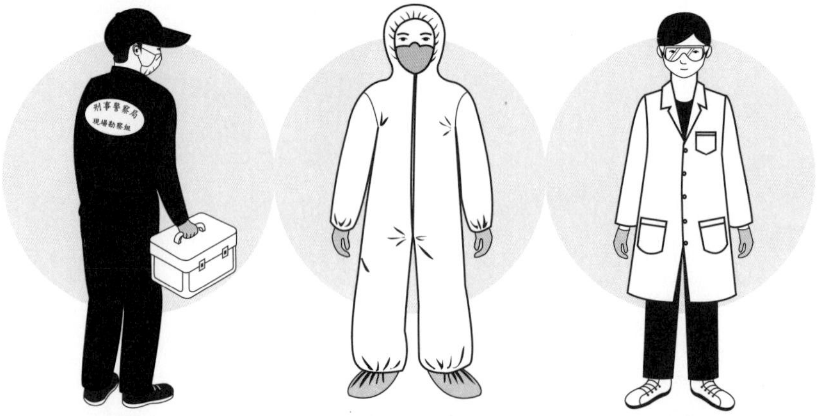

現場勘察服：前往案發現場的穿著，背後白色橢圓寫著有助識別的「現場勘察組」。

防護衣：若是爆炸案或現場有化學物質，要穿防護衣自我保護。

白色實驗衣：在實驗室的穿著，避免汙染證物及自我防護。

書」，最後到法院審判。審判階段若有需要，鑑識人員也必須到法院說明。

一般人看到屍體和血跡大多會害怕，老師也是嗎？

程：這是我們主要的工作內容，所以很習慣了，就像讀醫學院要解剖大體，或在急診室面對受重傷的病人一樣。我們的工作不僅要看屍體，更要看得仔細，以利找到蛛絲馬跡；而血跡也是一樣，識別血跡型態、找到細微證據，這些都是我們的工作。另一方面，我自己常想，如果角色互換，我就是那個陳屍現場的被害人，是不是會希望鑑識人員能細心檢查，不放過一絲線索呢？如果鑑識人員連屍體也不敢看，要如何找到證據？那麼躺在現場的我，不是會很難過嗎？

> 我們需要不斷學習新的領域，也要深化既有的專業，
> 這是身為一名鑑識人員最大的挑戰。

這份工作的壓力是不是很大？如果沒有破案怎麼辦？

程：大部分的壓力是因為自我期許，或因為找不到可用的證據。但不管能

不能破案，我都會問自己是不是已經盡了全力。沒破的案子我們都放在心上，等新的技術或線索出現，這些放了很久都未破的「冷案」就有偵破的可能。所以持續訓練及吸收新知是很重要的，尤其現在犯罪手法多變，我們更需要不斷學習新的技術，也要深化既有的專業，這是身為一名鑑識人員最大的挑戰。

鑑識工作給您最大的成就感是什麼？

程：因為自己以及團隊努力把工作做好，而讓公平正義得以實現的時候，我最有成就感！鑑識人員是很有趣又很有意義的工作，每個案件都不同，得不斷面臨挑戰，必須不斷思考及學習，如果案件能因為我們的努力而偵破，對社會的安定有很重要的影響。

要怎麼成為鑑識人員？

程：如果想成為一名鑑識人員，必須接受專業的訓練，並取得資格。例如未來去考警察大學的鑑識系，或是等一般大學畢業後再考入警察大學研究所，也可以參加國家的警察特考後再訓練。不過，這些是指傳統的刑事鑑

鑑識工作流程圖

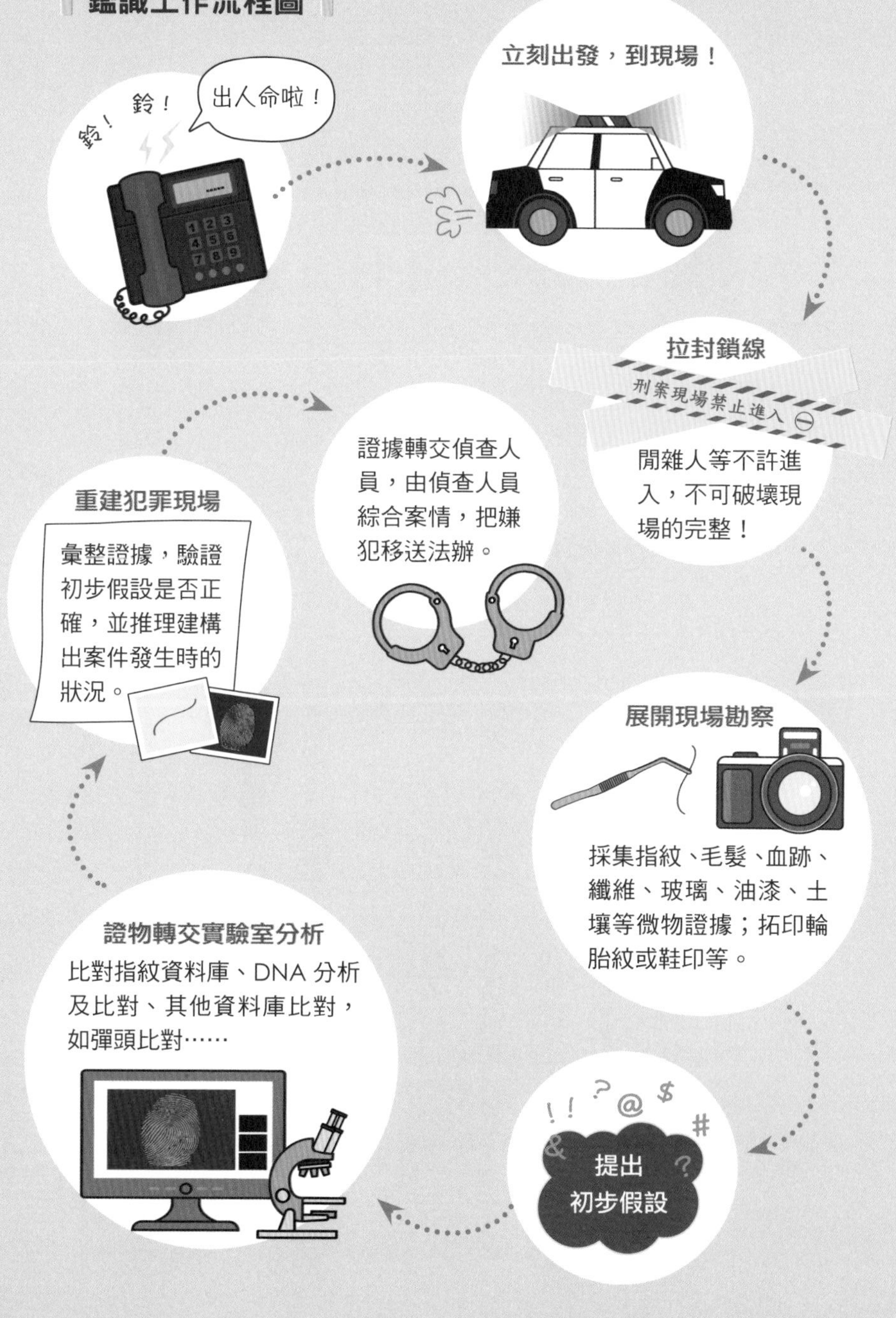
鈴！
鈴！
出人命啦！
立刻出發，到現場！
拉封鎖線
刑案現場禁止進入
閒雜人等不許進入，不可破壞現場的完整！
展開現場勘察
採集指紋、毛髮、血跡、纖維、玻璃、油漆、土壤等微物證據；拓印輪胎紋或鞋印等。
提出
初步假設
證物轉交實驗室分析
比對指紋資料庫、DNA 分析及比對、其他資料庫比對，如彈頭比對……
重建犯罪現場
彙整證據，驗證初步假設是否正確，並推理建構出案件發生時的狀況。
證據轉交偵查人員，由偵查人員綜合案情，把嫌犯移送法辦。

識工作。現在的鑑識工作種類十分多元，不一定要從事命案這種重大刑案的鑑定。例如警察大學交通系畢業，可以從事車禍鑑定；消防系有火災鑑定；資訊系有數位鑑定等。除了警察系統之外，還有調查局、法醫研究所、環境檢驗所、食品藥物管理署等單位，以及環境、食品安全、電腦網路安全檢測等工作，或是查緝洗錢活

當自己以及團隊努力把工作做好，
而得以實現公平正義的時候，我最有成就感！

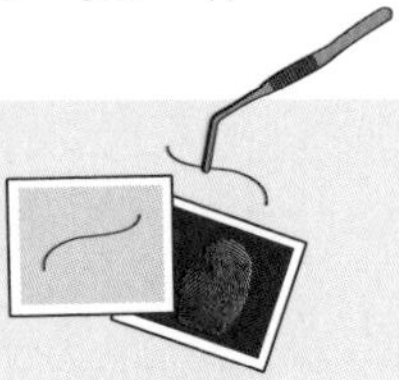

動的司法會計領域，這些也都屬於廣義的鑑識工作。

優秀的鑑識人員需要具備什麼條件？現在可以做哪些準備？

程：負責任、踏實、有好奇心、喜歡研究的人，都很適合擔任鑑識人員。小朋友如果有興趣從事鑑識工作，那是很棒的！我建議先把課業基礎建立好；如果英文能有一定水準，對於未來與國際接軌也會有幫助。還有一個重點是，選擇自己有興趣的工作——可以長期樂在工作，是很幸福的！

微物證據力量大

纖維、毛髮、小碎片，犯罪現場裡不起眼的蛛絲馬跡，其實帶著重要破案線索！

牛仔褲上的一滴血

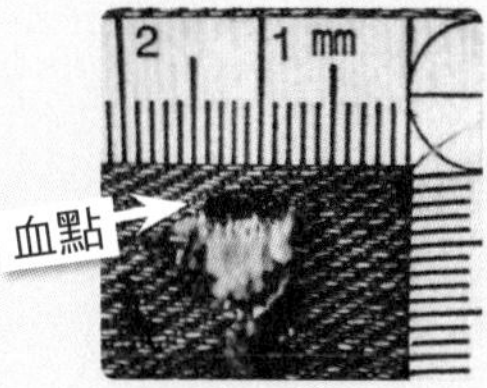

民國 87 年一名女學生在家中遇害，鑑識人員勘察後，發現她的牛仔褲上有血點。由於女學生生活單純，現場也沒有入侵痕跡，研判壞人可能是認識的人，而血點可能來自兇手。隨後 DNA 鑑定顯示兇手是男性，再結合其他線索，最後抓到女學生哥哥的同學。

彈頭上的微物

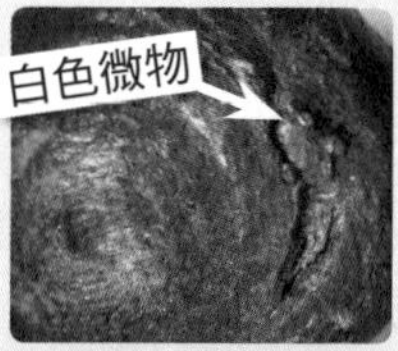

鑑識人員在犯罪現場找到彈頭，用顯微鏡一檢查，發現彈尖上有白色微物，另一顆彈頭還夾有紅色纖維。經過儀器分析，得知白色粉末是玻璃，紅色纖維則與死者穿的衣服相符。藉由一步步彈道重建，再加上現場的調查，就能釐清當時彈頭是先打到人，再穿過玻璃，抑或是先打到玻璃再射中人。

斷裂的指甲

清大王水案中，一位女同學因為感情糾紛殺了情敵，警察覺得她很可疑，卻苦無證據。程曉桂觀察到物證中有片斷裂的指甲，由於指甲紋路會隨著生長而延伸，於是她拓印了可疑女同學指甲上的紋路，比對後紋路條條連續！證明那位女同學就是兇手。

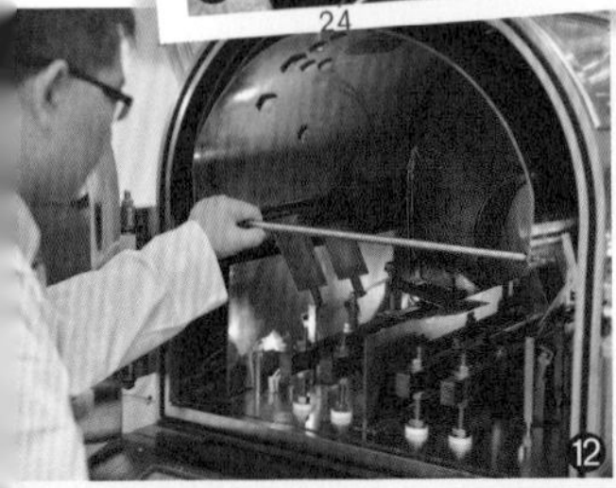

⑩ 十多年前臺東滿春億號漁船遭菲律賓海巡人員射擊，鑑識人員利用船上彈孔重建彈道。

⑪ 用光達雷射掃描儀記錄刑案現場，並標出立體彈道圖。

⑫ 真空鍍膜機能讓難以採集的指紋顯現。

⑬ 特製鋁板，若射擊彈頭可貫穿，表示子彈具有殺傷力，法官可據此判定槍彈違法。

⑭ 鑑識人員正從彈頭測速器中射擊。這種儀器可測定彈頭速度。

⑮ 像拼圖一樣，把找到的碎片拼成完整文件。

⑯ 鑑識人員戴著特殊濾光鏡，一手拿著「多波域光源」檢視證物。多波域光源可發射不同波長的光，藉由不同物質呈現不同顏色來辨識，肉眼看不見的跡證也會清楚浮現，如指紋等微物跡證。

看！科學辦案現場

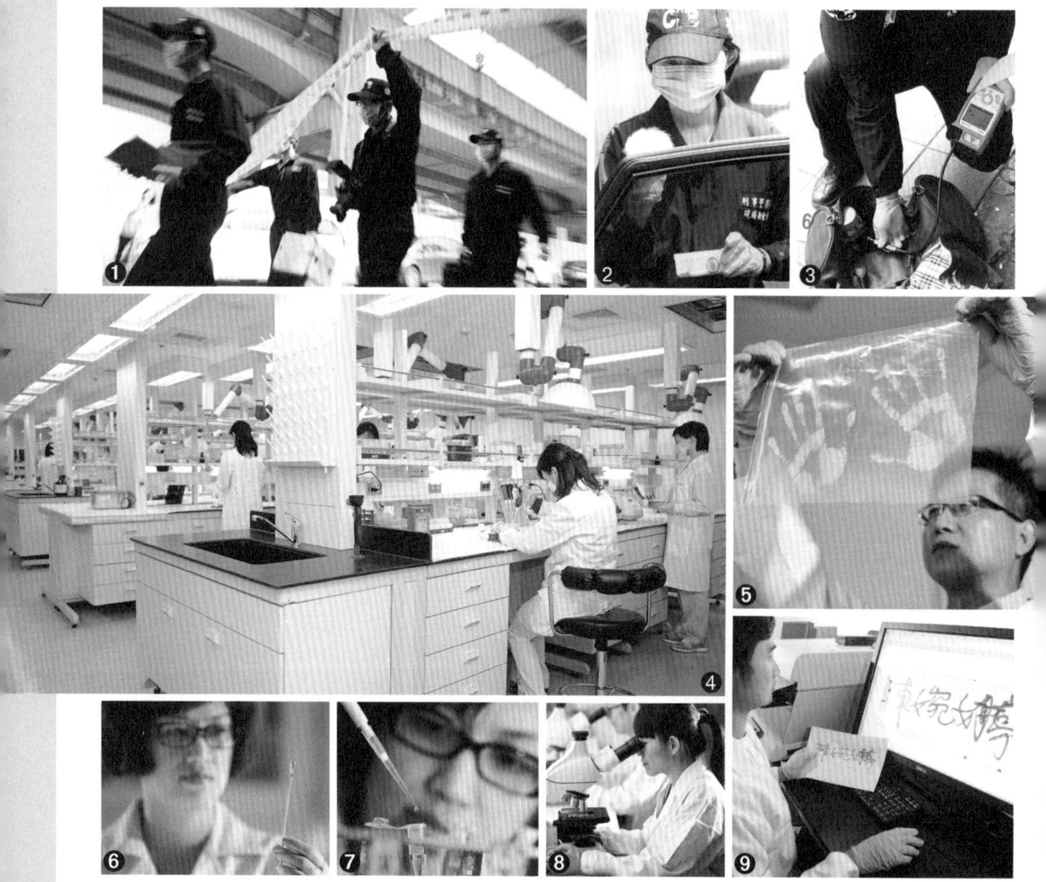

❶ 現場拉起封鎖線，由鑑識人員進入蒐證。
❷ 在可能留有指紋的地方，鑑識人員刷上專用粉末，將指紋或掌紋拍照，或用膠片轉印。
❸ 發現可疑物品！先以「現場用爆裂物及毒品偵測器」檢測。
❹ 鑑識中心的實驗室一塵不染。
❺ 實驗室人員會進一步檢測指紋並輸入電腦，和資料庫比對。
❻ 將沾有可疑斑跡的棉花棒滴上試劑，若棉花棒變成桃紅色，表示可能是血跡。
❼ 血液、唾液、汗斑、毛髮等都可以用來萃取DNA，再和資料庫進行比對。
❽ 採自現場或被害人身上的微量跡證必須透過顯微鏡來檢視。
❾ 比對筆跡，得知文字出自誰手。

守護你的眼睛

呂大文

單純想幫助人的念頭，開啟了他的醫師之路，一路上遇見的病人，帶給他富足的快樂。

視覺、嗅覺、味覺、聽覺、觸覺，五感之中，我們最常使用的就是視覺了。我們靠著雙眼收集外界資訊，辨認事物，要是眼睛生病、視力變差，對我們的影響可大了。這時該怎麼辦呢？當然是去找眼科醫生！三軍總醫院就有一位治療眼睛的專家——呂大文醫師。

呂大文醫師可說是從早忙到晚，一刻不得閒。一般到醫院掛號看診是從八點半開始，但其實醫師七點半就在醫院裡開會了，而且在開會前還得巡房，為住院病人檢查恢復的情況。三軍總醫院屬於醫學中心，因此呂醫師除了看診，也要花很多時間教學，帶著醫學生、實習醫生、住院醫生認識各種眼科疾病。另一方面，專門研究青光眼的呂醫師，還得花時間做實驗、測試藥物、發表論文，工作非常忙碌。儘管呂醫師自嘲忙得「一臉倦容」，但談起眼科的點點滴滴，仍讓人感受到「眼科醫師」這個職業為他帶來的成就感，也使他的倦容中多了一些光采！

你想像中的醫生是什麼模樣？眼科又有什麼特別之處？讓呂醫師來為你解答吧！

國防醫學院醫學科學研究所博士，現任三軍總醫院眼科部一般眼科主任、國防醫學院眼科專任教授。

您從小就立下志願，長大後要當眼科醫師嗎？

呂大文醫師（以下簡稱呂）：我小時候就立志要當醫師。最初的動機是有一次發生颱風，很多人不幸喪生，我當時住在雲林，看見很多屍體被擺在海邊，於是我問一旁的記者：「為什麼沒有人可以幫助那些人呢？」當時醫生很少，全臺灣大概只有三千位，窮鄉僻壤甚至可能只有密醫。我那時心想，如果長大當了醫生，就可以幫助這些人。

為何選擇眼科，而不是其他科呢？

呂：我小時候接觸過一位眼科醫師，留下深刻的印象。那次我得了急性結膜炎，父母帶我去虎尾看病，雖然那是一位密醫，但滿厲害的。他用一盆水洗手，以及用玻璃棒幫病人擦藥的畫面，都讓我記憶深刻，或許從那時起，我就對眼科醫師感到敬佩。後來從醫學院畢業，要選科別時，正好顯微手術剛起步，這個發展對眼科來說是很大的突破，我覺得很有挑戰，所以選了眼科。

有趣的是，小時候爸爸帶我去算命，

相命師就預言我未來會當眼科醫師！當時相命師這麼說：「把『呂』倒過來，像一副眼鏡，『大』像一個鼻子，剛好可以把眼鏡架在上面；眼科都是坐著看診，『文』就是架著兩隻腿滑來滑去。」因此一口咬定我長大會當眼科醫師。後來，這位相命師在九十多歲時還特地找我看診，就是為了表示：「我算得很準吧！」

能像這樣幫助人，甚至改變一個人的人生，
是我當眼科醫師最大的價值。

做眼科醫師以來，遇過哪些令您印象深刻的病人呢？

呂：我有一位病人，他在很小的時候媽媽背他去田裡工作，不幸被耕耘車撞到，使得他一隻眼睛全瞎，另一隻眼睛只能看到隱約的影子。後來他來找我看病時，我問他：「這四十多年來，你最想看見什麼？」他說：「我最想看到的是爸媽的臉。」因為他們家境不好，他又看不見，既沒辦法讀書，在家也幫不上忙，但雙親沒有拋棄他，也沒有讓他自生自滅，所以他希望能記住爸媽的長相。

後來我幫他動了手術，使他的視力恢復。半年後他又來找我，說他爸爸過世了，但他已經看過爸爸的臉，一輩子都能回想起爸爸的樣子，好好懷念他，所以很感謝我。我聽得眼淚都快掉下來了。能像這樣幫助人，甚至改變一個人的人生，是我當眼科醫師最大的價值。

是否曾經遇過很困難的手術呢？

呂：剛剛提到的病人所做的手術就滿困難的，他的眼睛裡產生了纖維化的膜，我們要把那個膜打開，大概花了

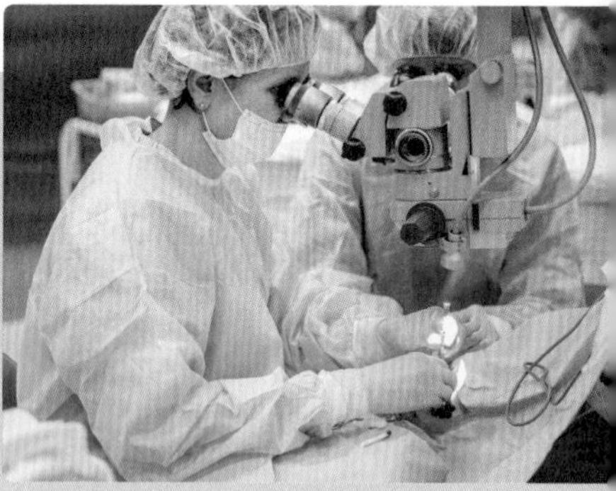

▲**顯微手術：**在可以放大 40 倍左右的手術顯微鏡下進行手術，因此能操作很細微的動作，眼科常見的白內障、青光眼這類疾病，現在都會用顯微手術來治療。

▼**裂隙燈顯微鏡檢查：**能夠放大 20 倍左右，用來檢查眼球表面和內部是否異常，包括眼瞼、結膜、角膜，及虹膜、水晶體、視網膜等。

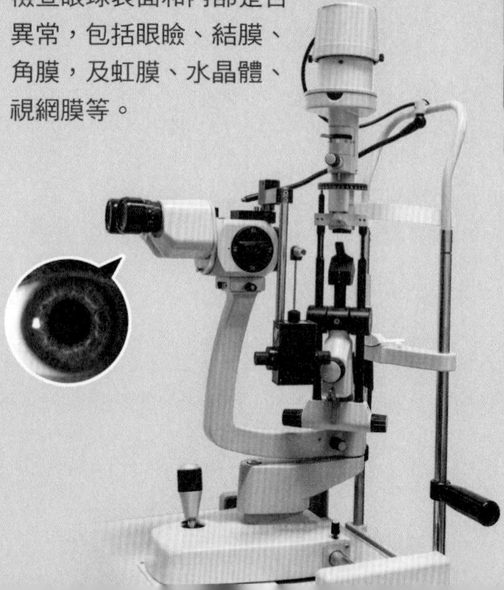

三小時才完成。不過最耗費心力的，是為一個只有九天大的嬰兒開刀，他得的是先天性青光眼。臺灣每年有近二十位先天性青光眼的新生兒，但是會做先天性青光眼手術的醫師很少，所以其中大概有一半會來找我。當時為了那一位小小的巴掌仙子，從上麻藥、開刀、催醒到插管等，我們動用了十幾位大人，手術後還需要小兒加護病房的同仁來照顧，每個步驟都要非常小心。儘管小嬰兒可能不會記得這一切，也不會知道誰幫助過他，但我知道，我在做很有意義的事。

眼科的祕密武器

眼科裡有著各式各樣的儀器，能對眼睛做澈底的檢查；醫師還會進行精密的手術治療，守護我們的眼睛健康。

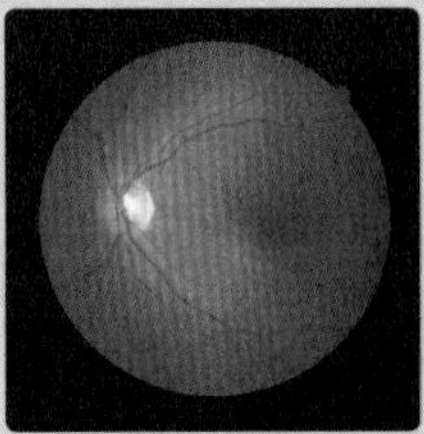

▲**眼底檢查**：利用眼底鏡看病人眼睛裡面的狀態，眼底鏡有放大效果，能觀察出視網膜或視神經有沒有病變，例如視網膜剝離、黃斑部病變、青光眼等。

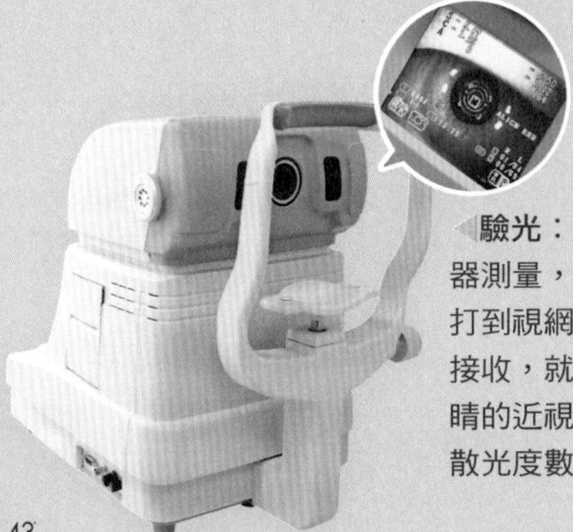

◀**驗光**：用光學儀器測量，把紅外線打到視網膜上然後接收，就能測出眼睛的近視、遠視和散光度數。

眼科醫生這個工作帶給您最大的成就感是什麼？

呂：我很高興能當眼科醫師，因為不斷有幫助人的機會。眼科和其他科別有一點很不一樣，治療眼疾能得到明顯的效果，病人會有驚人的進步。每每看到病人抱著一線希望來找我，然後在我的幫助後，可以過著健康的生活，這就是我最大的快樂。

成為眼科醫師需要什麼特質呢？

呂：想成為一名醫師，要能夠關心病人，並且對病人有同理心。眼科需要為病人開刀，由於眼睛是很精細的器官，手的穩定度格外重要。另外，來眼科就診的人以幼童和老人居多，我們要能同理他們的狀況，像是老人可能有重聽，我們講話就要大聲一點；小孩看眼科時常會哭鬧，因為檢查時要把頭擱在像是斷頭臺的儀器上面，很多小孩會感到害怕，所以得想一些趣味的方法看診，讓他們放輕鬆。

對於未來想當眼科醫師的讀者，您有什麼建議呢？

呂：想當眼科醫師必須要取得醫師資

格，所以要努力念書，多思考、多閱讀。很重要的是，要照顧好自己的視力，因為在醫學系畢業前，你會花很多時間讀書，如果讀書造成嚴重近視的話，可能還沒照顧別人，就要先被別人照顧了！所以建議讀者最好多去戶外活動，不要整天近距離看東西，才能儲備將來做眼科醫師的能力！另外也要均衡飲食，這是健康的基礎，多吃深綠色蔬果，對身心健康都有很大的幫助。這些都是成為眼科醫生的先決條件。

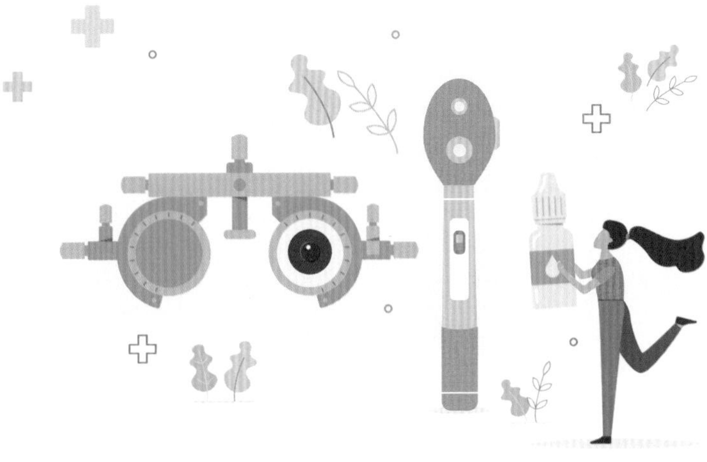

鳥巢多變化也是有道理的

洪志銘

科學不一定有正確答案，今天的答案可能在明天遭到推翻，研究就是不斷尋找答案的過程。

築巢是鳥類天生的本能，你看過鳥兒忙進忙出打造牠的巢嗎？有些嘴喙叼著乾草，有些腳爪抓著樹枝，最後打造而成的鳥建築，充滿各種創意與巧思。為什麼同一種鳥會搭建同樣的巢，又為什麼有的鳥巢那麼簡單、有的卻那麼複雜？鳥巢是否也和鳥類一樣會演化？

對於這些問題，中央研究院洪志銘博士的團隊有答案。他和端木茂甯博士與指導的學生方怡婷，歷經兩年的研究後發表理論，刊登在國際

白頭翁的巢

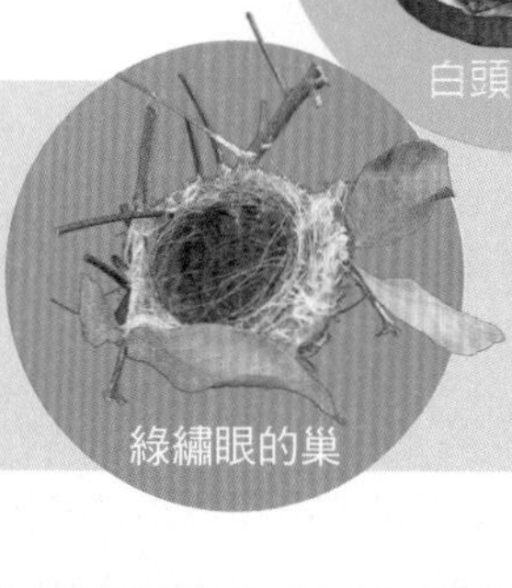
綠繡眼的巢

中央研究院生物多樣中心副研究員，帶領團隊統整全世界將近八千種鳥巢，推算鳥類演化史，成果刊登在《自然通訊》期刊。

知名期刊。

其實，鳥類並不是一開始就能搭建複雜的鳥巢。研究指出，遠古時代的鳥類不過是在地面上蹭一蹭，蹭出一個淺窩來下蛋。但六千五百萬年前，地球氣候劇變造成恐龍大量滅絕，你可以想像，原本四處有恐龍活動的大地變得多麼孤寂，不過這對於逃過一劫的動物來說，可能是好消息，因為少了恐龍等於多出許多空間，可以讓更多生物利用——好比姊姊離家讀書，家裡的空房就能讓小弟利用一樣。

於是，鳥類開始演化出大量物種（哺乳類也是），居住在大自然不同的環境中，鳥巢的搭建方式也隨著環境不同而變得多元。有的鳥會堆疊平臺狀的巢，或取巧的利用其他動物所鑿的洞穴；比較厲害的鳥則自立自強，靠自己的嘴和爪開鑿洞穴來築巢。

到了大約三千到四千萬年前，鳥類再次演化出大量新物種，而新演化出來的鳥類，開始會利用植物或其他材料搭建較複雜的巢，像是我們熟悉的杯碗狀以及複雜的球狀，或是保護效果更佳的球狀帶隧道的巢。

在一般樹林裡或都市的行道樹間，有鳥的地方大概都有鳥巢，像金背鳩、白頭翁、綠繡眼、大捲尾……。但鳥類築巢是為了保護小孩，所以鳥巢一般都藏得很隱密、很難找。

原來，鳥巢真的會演化！大致來說是從沒有結構，到平臺狀，再到利用洞穴、自行鑿洞，然後採集草葉、羽絨、枝條等當做巢材，進行球狀或杯碗狀巢的編織。鳥巢的結構隨著鳥類由古至今的演化變得愈來愈複雜，換句話說，鳥巢的創意是隨著鳥類演化出來。難怪演化上關係愈近的鳥類所築的巢愈類似，更難怪世界上會有那麼多種類的鳥巢了。

大自然的多采多姿就發生在我們身邊，這讓人更加好奇，到底洪志銘博士的團隊是如何觀察與思考的呢？

鳥巢怎麼找？

正在使用中的鳥巢不太容易觀察到，而且親鳥在孵蛋或養育雛鳥時，千萬別去打擾，否則親鳥可能棄巢，雛鳥若失去照顧會很容易死亡。可以仔細觀察哪些樹有鳥飛出，用望遠鏡從遠處觀看，或等冬天葉子都枯萎掉落，鳥巢露出來時比較容易觀察，那時雛鳥大概也離巢了。另外，燕子巢很容易觀察到，家燕、赤腰燕等的築巢地點經常在人類住家附近。

Q&A

為什麼會想研究鳥巢呢？

洪志銘博士（以下簡稱洪）：你不覺得鳥巢很玄嗎？世界上有這麼多奇形怪狀的鳥巢，除了佩服鳥類的創意，也會感到奇怪，鳥沒有手，只有嘴，卻能把東西串出來，甚至編織，這很難，也很特殊，必須要有很好的操作能力，還有空間認知能力，甚至有點像在製造工具。這麼做到底需不需要高度智商，或只是單純的一種行為？看到和人類不一樣的動物能做出這麼令人驚歎的事，讓人很感興趣。

怎麼會想到研究鳥巢的演化？

洪：其實想很久了，也是邊做邊從過程中學習。我們都知道鳥會築巢，同一種鳥築的巢幾乎都很像，有些人認為鳥是透過學習而會築巢，但如果是透過學習，為什麼同一種鳥的巢會一樣呢？到底鳥築巢的能力是天生擁有還是後天學來的？

為了找出答案，第一步得了解全世界的鳥巢。我們從鳥巢的結構、位置和鳥巢附著的方式來分析，愈做愈有意思，發現許多過去不知道的事。

鳥類學家對於鳥類有一套基本的分類

法，對於鳥類在地球出現的先後及演化順序也有一套理論，也就是鳥類演化樹。我們把鳥類的演化樹與各種鳥巢的結構、位置和附著方式做比較，透過電腦的分析，發現關係愈近的鳥類所築的巢愈像，關係愈遠的差異也愈大。從這個關係裡，我們發現鳥巢是有演化方向的，而且親緣關係愈近的鳥，牠們巢的結構也愈像。

> 成功的科學家都是很努力的人，
> 我沒有看過不努力而成功的科學家。

這個研究最困難的地方是什麼？

洪：整理資料滿困難的。這個研究大概做了兩年，光是資料的整理就花了一年多，因為鳥類多達數千種，必須看過所有的資料，許多例子還必須用照片確認，才能把鳥巢的特徵定義清楚。而且在這個過程中，學界對鳥的分類一度發生改變，我們只好重新來過，這些困難的工作都是學生方怡婷完成的，花了很多苦工。之後的資料分析也相當困難，由端木博士協助完成。所以說，這個研究是集合我們三人之力完成的。

您從小就立志要當科學家嗎？

洪：大概從幼稚園開始，我就很清楚自己以後要研究動物了！我小時候住在北投，當時那裡算很鄉下，我整天都在外面玩耍、抓蟲、釣魚，從小就喜歡和動物為伍，也喜歡看有關動物的書和影片。那時電視上有關的動物影片很少，不過只要一播放，我就一定要看，所以姊姊會瞞著我，不讓我知道，免得她沒辦法看自己想看的節目。學校作文要寫「我的志願」，我也是寫研究動物。後來考大學填志願時，我毫不猶豫就填了動物系。

如果想成為一名研究人員，您認為需要什麼特質呢？

洪：我覺得「呆」的人比較合適。做研究其實賺不了很多錢——不過對我來說相當足夠；還必須克服很多難關——念完大學要考研究所，完成博士之後要做博士後研究，成為研究人員還得找經費。關關難過必須關關過，所以說要「呆」，不要想太多，專注在自己有興趣的研究上，才能持續下去。興趣與專注很重要！而且成功的科學家都是很努力的人，我沒有看過不努力而成功的科學家。

各式各樣的鳥巢

為了成功繁殖下一代，鳥類發展出各種鳥巢，有的構造簡單，有的精細繁複！

杯碗狀：最常見的鳥巢，大多呈圓形或半圓形，麻雀、白頭翁、綠繡眼、蜂鳥等都使用這種巢型。材料有細枝、草莖、葉片、苔蘚、蜘蛛絲、泥巴、唾液等。

平臺狀：這種巢表面平坦、中間凹陷，可防止蛋滾落，會用細草、羽毛等柔軟的材料做為襯墊。猛禽、鸛鳥、鷺鷥、喜鵲、烏鴉，還有一些水鳥都是築這種巢。

球狀巢：織布鳥、攀雀、赤腰燕和棕灶鳥會運用編織、纏繞、打結植物纖維或堆砌泥土等方式，做出精細又複雜的球狀巢，開口小而隱蔽，讓掠食者難以進入。

洞巢：許多鳥類以樹洞或土洞為巢，洞穴的保溫效果好，掠食者也不易入侵。啄木鳥、五色鳥、翠鳥、蜂虎會自己挖洞築巢，這類鳥巢稱為「初級洞巢」；貓頭鷹、野鴨、犀鳥以天然樹洞或其他動物挖掘的洞穴為巢，這類則稱為「次級洞巢」。

無結構：在地上築巢的鳥類，多半挖個淺坑或堆幾顆石頭，再用枯草或羽毛鋪設一下就產卵、孵蛋了；有些還直接在沙地上或是礫石堆裡下蛋。例如燕鴴、環頸鴴的巢。夜鷹甚至在大樓頂樓「就地」生蛋。

小試身手：鳥巢演化

這些鳥巢屬於哪一種巢形呢？如果根據巢形來排列它們的演化順序，你會怎麼安排？動手試試看！也可以和朋友討論。

平臺狀　無結構

次級洞巢　初級洞巢

球狀　杯碗狀

球狀＋隧道

黑頭織布鳥

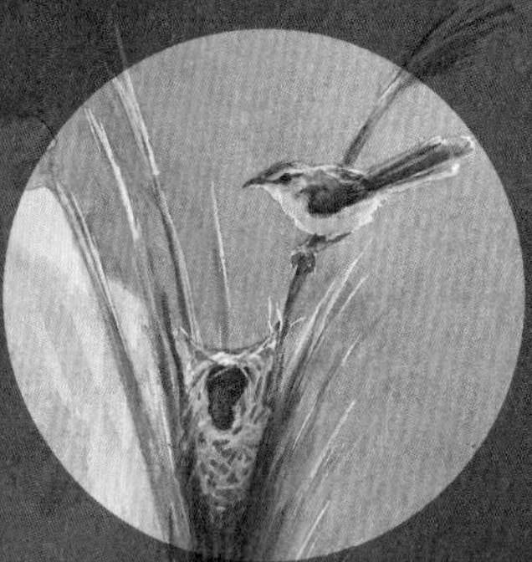

褐頭鷦鶯

水雉

綠繡眼
領角鴞
珠頸斑鳩
栗喉蜂虎
小彎嘴畫眉
夜鷹
短尾水薙鳥

白蟻博士

邱俊禕

他從小發現白蟻獨特的魅力，一路鑽研下去，
就算常被白蟻「擺一道」，還是持續探索，不退卻！

你見過白蟻這種小昆蟲嗎？細細小小的白蟻是居家常見昆蟲，牠們平時潛伏在地下或是巢穴裡，不易被發現。不過，還是有跡可循：牠們是夏天下過雨的晚上家中燈光會吸引的蟲子，也是把木頭家具蛀掉一半的罪魁禍首。

全世界共三千多種白蟻，臺灣約有二十種，而臺灣土白蟻的祕密地下王國，更是近年才出爐的科學發現！到底是怎麼樣的科學家，會如此

中興大學昆蟲學系博士後研究員，專門研究白蟻防治、分類與生態學，發表了二十餘篇論文。

熱衷挖土、掘蟲，把白蟻研究得透透澈澈？那就是綽號「白蟻」的邱俊禕。

邱俊禕從小就對白蟻有超乎常人的熱情，腦中有關白蟻的知識比別人豐富，隨口都是「白蟻經」，即使大學時身處昆蟲系，這股熱情還是遠超過系上其他昆蟲同好，大家都把視他為白蟻專家，對白蟻有任何問題問他就對了！

小時候就培養起的興趣，支撐邱俊禕在碩博班持續研究白蟻，也讓他成為臺灣土白蟻生態的專家，他在學習路上的探索過程，既有趣又令人佩服！

Q&A

您從幾歲開始喜歡白蟻呢？

邱俊禕博士（以下簡稱邱）：大約六歲就開始了。小時候，我喜歡到戶外觀察昆蟲，有一次跟媽媽要了一把鏟子，跑去公園樹下觀察，翻翻泥土、看看落葉堆，發現有好多小生物在活動！因為我有看過家裡和圖書館的生物圖鑑，所以認得公園裡那些小蟲子是白蟻。

白蟻的長相和行為很奇特，好像混進地球的外星生物，讓人有無限幻想。牠們一大群合作的力量很強大，小小的蟲子不停搬運著材料，結果築成大片泥道！這些都令我深深著迷。

除了白蟻，您也喜歡其他昆蟲嗎？

邱：所有昆蟲我都滿喜歡的，尤其喜歡觀察身邊常見的昆蟲，像螞蟻、蒼蠅、白蟻等。這些蟲子明明很常見，人們卻不夠了解牠們，所以讓我想要去探究。

不過由於我最先接觸到白蟻，並且發現牠的社會行為有太多的未知，愈是探索愈發好奇，所以一頭栽了進去，直到現在都不覺得膩！

您還記得小時候觀察白蟻的經驗嗎？

邱：我在六、七歲時養過白蟻。有次下雨，家裡飛進來好多大水蟻——這是白蟻的俗稱，那些密密麻麻的白蟻落地之後脫翅、在地上爬行，我就蹲在地上觀察。

有些白蟻自動分成兩兩一組，我從書裡知道白蟻有蟻王、蟻后，於是把配對做伴的白蟻養在櫥櫃，給

當時的我愈是探索愈發好奇，所以一頭栽了進去，直到現在都不覺得膩！

牠們一點水，想讓牠們生育小白蟻。結果試了很多次都養不活。直到最後一次重施故技，竟然成功了！但這次的成功也帶來慘劇，因為這對白蟻不但活了下來，還生了很多小孩，我把櫥櫃一打開，滿滿都是白蟻，牠們建構了坑坑洞洞、布滿通道的巢穴，家中存放物品的紙箱、貨物的外包裝，全被侵蝕了……當然，我也被媽媽大罵一頓！

這件事帶給我很大的驚奇感，兩隻小小的白蟻竟能變出那樣的大巢穴，我覺得太酷了，一定要繼續！所以我瞞

著大人，用容器裝著白蟻藏在床底下小心飼養，以免再闖禍。

學校沒有專門的「白蟻課」，您是怎麼學習的呢？

邱：我對很多事都感到好奇，經常問問題，媽媽會盡量回答我，如果她不知道的話，會去查資料然後告訴我。後來，她帶我去圖書館，引導我自己查書找答案，這養成了我自動自發的習慣——玩蟲時遇到不懂的事就去查書，查到了再繼續玩。媽媽放手讓我在公園和圖書館來回探索，也不用擔

白蟻愛吃什麼？

一般人以為白蟻都愛啃木材，但其實白蟻種類很多，吃的食物各不相同，有些吃枯枝落葉，也有專吃地衣或專吃草的白蟻，甚至有專吃土壤的種類。養真菌的白蟻，如臺灣土白蟻什麼都吃；不養真菌的白蟻，則靠腸道微生物產生的酵素，消化木材纖維素，如常見的臺灣家白蟻（邱博士小時在家飼養成功的種類）。

心小孩亂跑，樂得輕鬆（笑）。

我在國小、國中課餘無聊時喜歡出外抓蟲，多半是自己玩，到了高中加入生物社，才遇到更多同好可以互相交流，但喜歡玩蟲的人不多，所以我的白蟻知識大多來自書上。我從小愛看生物圖鑑，每本書介紹的主題不同，有時白蟻在一本書裡是主角，到了另一本書就變成其他動物的食物，我會把這些訊息串連起來，非常有趣。

您的興趣會和課業起衝突嗎？

邱：從小爸媽讓我自由探索，有興趣的就能嘗試，自己設定目標、自己承擔結果。我對自然、生物一直很有興趣，所以表現得比較好，其他沒興趣的科目成績就不太好。高中時我參加生物社，有機會操作更多器材、玩一些有的沒的，還主動報名科展。但也因為太投入社團，耽誤了讀書時間，高一時成績不好。不過，後來我想清楚大學要讀昆蟲系，成績必須維持一定的水準，就開始認真念書。

大學時，我加入研究室跟著學長姊做實驗，到臺灣各地採集、玩耍，使用各種研究儀器。後來我對研究工作產

生興趣，決定繼續攻讀碩士、博士。我在學業上的努力與表現，可說都是因為興趣而起。

現在您做學術研究，跟以前玩白蟻有什麼不同嗎？

邱：我本來只是喜歡觀察昆蟲，直到走上學術研究之路，讀碩士、博士，才開始接受需要獨立思考和判斷的研究訓練，比如要分析生物的機制，想想看兩件事情怎麼互相影響。研究過程中很多時候必須獨自面對難關，所以要耐得住寂寞，沉靜下來讀書、想出解決辦法，然後持續做實驗。我覺得適應孤獨是做研究的條件。

您在研究的過程中，曾經遇過什麼有趣的事呢？

邱：只要有新發現就覺得有趣！像是研究臺灣土白蟻的蟻巢時，意外發現裡面有白吃白住的寄生者。每次挖掘菌圃都看到巢中有外來客，而且每次種類都不同，讓人覺得很好奇，一番研究之後，終於了解牠們和白蟻之間有趣的寄生關係。

有時靈感會來自意想不到的事物。我

為了追尋土白蟻如何消化蛋白質，找了很多資料，發現畜牧學裡有關反芻動物（牛、羊）的理論可能有幫助，所以研讀了那些我從沒想過要讀的書，也因此我才發現土白蟻會利用菌圃消化食物，道理就類似反芻動物的胃裡有微生物幫助消化，很神奇！

請問您未來有什麼計畫？

邱：我想要去泰國研究白蟻，在大學裡當老師。泰國是熱帶環境，也是白蟻的大本營，白蟻種類比臺灣更多、習性也更凶猛！那裡還有各式各樣新奇的蟻巢，我想我可以好好研究一番。

保持好奇心，持續探索感興趣的事物。
一旦問題獲得解答，你會願意發掘更多事物，繼續研究。

您想跟喜歡科學的讀者說些什麼？

邱：請保持好奇心，持續探索你感興趣的事物。好奇心能夠得到滿足是很重要的，一旦問題獲得解答，你會願意發掘更多事物，繼續研究下一個問題，然後產生更多好奇心，再去尋找解答，不知不覺就懂了更多事。

④把菌圃帶回實驗室，用鑷子夾取上面的白蟻和小生物。真菌孢子球則挑出並浸泡在水杯裡。

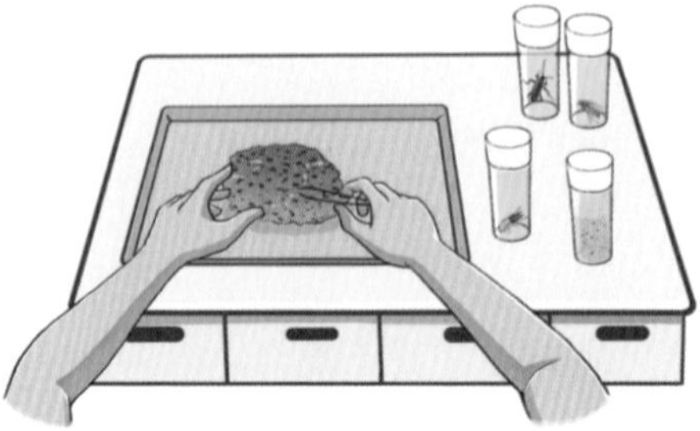

⑤有的小生物移動速度快，鑷子抓不住；或是微小的白蟻很脆弱，為了不傷到蟲體，會使用吸蟲管，以吸取的方式來採集。

⑥把白蟻和孢子球樣本送去做營養化學分析，根據結果進行推論、寫出論文。

白蟻博士怎麼研究土白蟻？

①趁著容易長菇的雨天，帶著採集裝備及雨傘，出發到森林尋找土白蟻巢。

採集前，需要取得相關單位的採集證。

②尋找地面長出的雞肉絲菇，或是小土丘上的白蟻分飛孔，在這些地方拍照記錄。

③雨天不適合挖掘，免得蟻巢淹水。等放晴後再回做記號的地點挖洞，往往要挖到超過一公尺的深度。

親手打造機器人

胡哲瑋

不只是喜歡，還要自己打造機器人，
讓它在格鬥比賽中屢屢得勝！

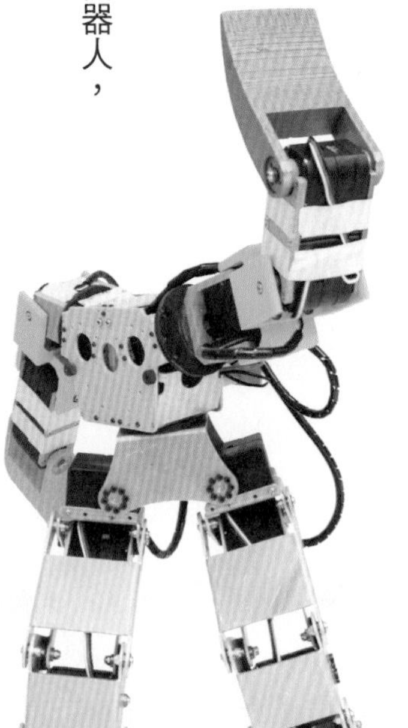

如果你有一臺機器人，你希望它是電影《星際大戰》裡的R2D2、動畫《瓦力》裡令人憐惜的清垃圾機器人、還是什麼神奇法寶都有的哆拉A夢？隨著科技演變，機器人能做的事情愈來愈多、愈做愈好，逐漸在我們的生活中提供很多幫助。你是否也想要自己創造一臺機器人呢？如果能自己組機器人，會走路、會舉手，還能上格鬥舞台打倒其他對手，那有多麼帥氣！創造者科技公司與工作室的創辦人胡哲瑋，就是

從小學開始寫機器人程式，高中畢業後赴日攻讀機器人設計，2019 年獲得日本 RoboOne 大賽第四名，現為二足人型機器人老師。

創造機器人的高手，他專門製造人形機器人，在機器人格鬥賽中，他的機器人往往能擊敗對手，取得勝利。不過，他製造機器人的初衷並不是為了比賽，他說：「我只是希望機器人能靈活移動，就像人類一樣順暢。」為了達成這個目標，從機器人的關節、馬達到重心的配置等，他都不斷改良。

機器人不只是胡哲瑋最堅持的事，也在他人生幾次轉折點上，扮演重要角色。個性有點叛逆的胡哲瑋，高中時被學校記了好幾支大過，那時就對機器人有研究的他，靠著參加機器人比賽，將功抵了不少過；在日本求學時，對人生感到迷惘的他，也是

因為以機器人為目標，進了機器人大師高橋智隆所任教的機器人專科學校就讀，才踏入正途，逐漸找到自己的一片天。

高中時第一次參加人形機器人比賽的經驗，更是令他難忘。當時的他已經參加了許多樂高機器人比賽，幾乎場場奪冠。有位老師看出他對樂高比賽已經興趣缺缺，便引導他去研究日本的人形機器人格鬥比賽。那時臺灣幾乎沒有人參加過那個比賽，但胡哲瑋決定試試。他從日本網購了一臺現成的機器人，看不懂日文的他自己摸索如何組裝、操控，他回憶「當時弄壞零件重買所花的錢，加一加可以多買好幾臺機器人了吧！」

後來他帶著這臺機器人去日本比賽，儘管通過預賽，但真正上擂台對打時，第一場就被打敗了。原來，其他參賽者的機器人都是自己組的，馬達扭力比現成機器人高很多，所以他當然打不贏。有了那次經驗，胡哲瑋決定自己做機器人！高扭力的馬達所費不貲，一個要價兩千元臺幣，而組一臺機器人大概需要二十個馬達，當時還是高中生的他努力存錢，把馬達買齊，才打造出第一臺機器人。

為了打敗對手，有的參賽者讓機器人帶著大拳頭，有的讓機器人長手長腳，增加攻擊範圍。機器人比賽規定腳底板的寬度與腳長要在一定比例內，腳長的機器人，腳底板可以大些，站得更穩。

然而因為種種因素，他的第一臺自組機器人並沒有參加過任何比賽，卻成為他日後研發機器人的種子。長大後的胡哲瑋開了自己的工作室，製造出第一代產品「安東尼」，接著不斷精進，開發出的機器人在比賽中屢屢奪冠，也受到許多參賽者的青睞。

不過胡哲瑋可說有著完美主義，儘管製造出的機器人表現相當亮眼，他卻不滿意，總覺得可以更好，「要做到能勝過任何機器人的程度，我才會放下吧！」來聽聽身經百戰的他介紹什麼是機器人比賽？有哪些參賽祕訣？

機器人比賽分成哪些類型？

胡哲瑋老師（以下簡稱胡）：比賽主要分成人形和輪形。人形機器人就是有雙足、可以走動的，大部分是比格鬥及足球。格鬥比賽中，規模最大的是RoboOne，在世界各地都會輪流舉辦；臺灣也有自己辦的格鬥賽，例如RBL、RFL。足球比賽中規模最大的則是RoboCup。

輪形是以樂高的比賽為主，如FIRST樂高聯賽，參賽者必須自己用樂高組成車子，並且寫程式讓機器人完成比賽交付的任務，例如走到特定位置拿取物品。樂高的馬達扭力比較低，相對來說比較簡單安全，很適合國小以下的學生。

機器人比賽有年齡限制嗎？

胡：多數比賽都沒有年齡限制，任何歲數都可以參加。不過也有一些比賽會特別分出國中小學生組，鼓勵學生接觸機器人，像是機器人奧林匹克、青少年機器人運動競技大賽等，這類比賽會有非常多項目可以參加，例如載運貨物、滅火搜救等。

若想參加機器人比賽，該怎麼準備？

胡：如果是初學者，建議先找一個合適的機器人補習班，學習機器人結構及寫程式的概念。機器人比賽都是開放參觀的，也可以去現場體驗氛圍，如果看到有興趣的機器人可以鼓起勇氣和參賽者聊天。大部分的機器人愛好者都很大方也很友善，會樂意分享、讓你玩玩看的。

我總覺得自己設計的機器人還可以更好，
也許要做到能勝過任何機器人的程度，我才會滿意吧！

參加比賽時，要注意什麼？

胡：一旦決定參加比賽，要先查好比賽的規定。比如足球比賽會限制機器人的身高，格鬥比賽則會限制機器人的重量。

接著依據需求設計你的機器人，如果是足球比賽，續航力特別重要，因為如果機器人沒電了，得下場換電池，但比賽時間是不會暫停的！這點和真實的足球比賽一樣。

如果是格鬥機器人，除了讓它靈活移動、穩定攻擊對手外，記得練習「必殺技」——在格鬥比賽中如果可以使出特別華麗的招式打倒對手，可以加分，對於贏得比賽大有幫助喔！

未來還會有別種機器人比賽嗎？

胡：目前樂高和足球比賽的機器人，是自己感應、判斷並行動，但格鬥是以遙控機器人為主。我認為未來應該會有愈來愈多的「自動機器人格鬥競賽」，擂臺上的機器人得自動感應對手的位置，判斷如何攻擊對手。創造者科技從二〇二一年也開始舉辦國際人型機器人實體電子運動競技大賽（IBRESC），歡迎大家組隊來參加！

▲樂高機器人賽事中，選手必須用自組的輪形機器人完成各種任務。

▶人形足球賽的規則就和真實足球賽類似，以比賽時間內進球數多的一方獲勝。

重大機器人比賽一覽

比賽名稱	說明	參加對象	比賽地點
RoboOne	由日本二足機器人協會主辦的機器人格鬥賽，目前是全世界規模最大的格鬥賽，在世界各地也會舉辦分區選拔賽。	不限	日本
亞洲智慧型機器人大賽	人形與輪形都有，比賽項目極多，如各式各樣的障礙賽、相撲和賽跑等。	大專、高中、國中、國小組	亞洲各國，每年臺灣各地也會舉辦。
IBRESC	以團結和公平競爭進行機器人運動競技。	學生、社會人士，不限國籍	臺灣
RoboCup	全世界規模最大的人形機器人足球賽，另外也有機器人搜救競賽等項目。	不限，另有青少年世界盃	世界各地
國際奧林匹亞機器人大賽	以樂高組件做成的輪形機器人進行各種競賽，包括足球賽、各種任務賽等。	大專、高中、國中、國小組	世界各地
FIRST樂高聯賽	每年都會有一個特定的主題，參賽者須以樂高組件做成的輪形機器人解決問題或達成任務。	國中以下學生	世界各地

十年磨一箭，你覺得呢？

這個章節收錄的科學達人都是忠於小時候的興趣，經過多年鑽研後，慢慢成為專家。白蟻博士邱俊褘從小發現白蟻的奧妙，遇到問題時會自己翻閱資料找答案，再加上生物研究社的經驗，後來成為了白蟻專家。胡哲瑋從小就喜歡機器人，但他不甘於單純喜歡，而是花了許多時間研究、組裝，甚至進入日本的專門學校學習，後來成為機器人專家——誰說小小的興趣，不能有大大的發展！

我從小就喜歡大自然，對於做勞作還有飼養小動物也愛不釋手。在求學的過程中，漸漸發現生物是我的最愛，後來便往這條路邁進，現在是一位生物老師。雖然乍看之下，小時候的興趣和我的職業沒有直接的關係，但其實影響了我現在的做事方法，也對於我專精的領域有不少幫助。因此可別小看自己的興趣！

如果你還沒發現自己的興趣，先想想看生活中哪些事物是你喜歡的，或有沒有哪件事，你一做就感到開心？把它一一寫下來，從這些地方開始培養吧！

想想看：

①你的興趣有哪些？有什麼管道或方法（比方說加入社團、參加課程等）可以讓自己的興趣更專精？

②興趣有時是與生俱來的，也可以透過後天培養，甚至可做為未來選擇工作的主要依據。你現在的興趣未來可以發展成哪些工作呢？

③你聽過「一萬小時定律」嗎？這個定律是在說，如果想要成為某個領域的專家，就需要一萬個小時的磨練。你願意每天花多少心力與時間去研究或練習自己喜歡的事物？試著寫出下一個年度的執行計畫表吧！

2

人生有時需要繞一點路

只願美好有熊國

黃美秀

人生道路上面臨的一個個選擇，
會決定你成為什麼樣的人。

近年來，臺灣黑熊成為超人氣吉祥物，民眾似乎更願意關注黑熊議題，同時認同臺灣黑熊是臺灣的代表動物，這樣的好事不是憑空而來，而是專家和民間組織走了多年漫漫長路，把生態保育的種子灑到民眾心中才有的成果。從科學研究到保育工作，那耕耘不輟的身影，就是黃美秀。

黃美秀可說是亞洲唯一長期從事熊類野外調查的女性科學家，她守護臺灣黑熊的名聲響亮，人稱「黑熊媽媽」。由於她的執著努力，深入如蠻荒般的山林調

屏東科技大學野生動物保育研究所教授，台灣黑熊保育協會理事長，第一個長期致力於野外臺灣黑熊生態研究的學者。著有《黑熊手記》、《尋熊記》、《小熊回家》等書。

查，才累積一筆筆科學數據，她是如何成為這樣一名科學家呢？

黃美秀在嘉義鄉下長大，從小和媽媽最親，經常跟在媽媽後頭、跑到田裡玩耍，也因家裡清貧，她做過各種打工，採水果、撿蝸牛、挖地瓜、糊鞭炮等，她都能手腳俐落的幹活。她也說，媽媽勤奮和堅韌的特質，以及幼年貧苦的環境，塑造了她的人格。

過去傳統鄉下長輩對女孩子的期待，大多是有份穩定工作，黃美秀家中也是如此，希望她國中畢業去考師專，以後當老師。黃美秀擅長畫畫，小學得過全國漫畫比賽第五名，原本將來想當美術老師，但沒考上師專，只好就讀嘉義女中；因為喜歡生物科，遂棄文從理。考大學時，家中只允許她念公費的師大，可惜分數不夠考上生物系，於是先進入家政系，大二時再轉入生物系——此路不通，可以另找出路。

黃美秀念大一時參加登山社，後來跟著教授進山裡調查，讓她體會到自己在山林間很快樂又自在。而她跟黑熊最早的機緣，也從大學開始：她的學士論文和一隻準備要野放的臺灣黑熊的行為研究有關。大學畢業後，她先履行義務，當了一年國中老師，然後到臺大動物所念碩士。畢業後，她思索未來想做的工作，希望能一直待在最愛的山林間，評估後她認為野生動物的學術研究最合適，於是決定到美國念博士！

當時父親很反對，無法諒解她竟然放棄穩定的國中教職，還要出國冒險面對未

■黃美秀赴美留學時曾調查美洲黑熊，圖中就是她第一隻抱在懷裡的大黑熊。

黃美秀與保育巡查員林淵源大哥一同在山中工作，培養出終生難忘的深刻情誼。

知，但還好有母親的支持。黃美秀認為，要成為怎樣的人應該由自己決定，為了實現自我價值，不造成家中負擔，她自籌學費，隻身赴美留學。當時黃美秀並沒有投入黑熊研究的打算，而是因為她想追隨的教授要求她研究臺灣黑熊。她起初覺得可能會吃力不討好，後來接受挑戰，從此一頭栽進熊的世界。

深入原始山林找黑熊，這件事並不容易，光從入山抵達目的地，單趟腳程便要三四天，調查期間非常艱苦，可能碰上山崩、颱風、斷橋，或面臨蜂螫、吸血螞蝗，還得防範行蹤不定的大黑熊。她與夥伴上山時，經常一待便是十數天甚至一個月，有很多獨處思考的時間，因此她養成寫札記的習慣，用書寫、繪圖來記錄和抒發心情。

黃美秀在博士班期間共捕捉繫放了十五隻黑熊，這也是臺灣史上第一次黑熊捕捉繫放的研究。令她難過的是，其中竟有近半數的熊斷掌斷趾，使她興起保育黑熊的念頭。黃美秀與一些關心黑熊保育的朋友在二〇一〇年創立台灣黑熊保育協會，四處籌經費推廣保育黑熊和山林的理念。她相信臺灣黑熊的唯一救贖就是教育，要讓民眾知道，臺灣的山林間有黑熊是件值得驕傲的事，並且願意參與保育行動。

時至今日，台灣黑熊保育協會在花蓮玉里設置了「東部臺灣黑熊教育館」，讓更多民眾了解環境保育議題，黃美秀希望能建立一個真正有愛的美好有熊國。

您的求學之路似乎有點曲折，如何調整心境呢？

黃美秀博士（以下簡稱黃）：我高一時想要念美術系，不過考量家中經濟無法讓我補習術科，所以高二轉到理組。我向來喜歡上生物課，念書有成就感，決定大學要讀生物相關科系。但家裡只在乎我必須讀公費的學校，並不太在意我的志向。聯考時因物理拉低總分，無法進入師大生物系，我靈機一動，改志願先考上第四類組的榜首家政系，之後再轉系！其實家政系不算是我的興趣，但我先跟家人妥協了！我經常堅持自己想做的，算是「反骨」的人，不過在求學路上我能保持彈性而達成目標。

您怎麼決定未來的出路呢？

黃：經過大學、研究所的訓練後，我體認到以後想做的工作是在山上，所以我打定主意，要出國念博士班，將來就可以申請大學教職，發揮專業並且能持續的在山上工作。我當時務實評估過其他職業，例如當挑夫，以我的資質可能撐不了多久；當生態攝影

師，經濟上可能會入不敷出；做為學者能有穩定薪水，可作育英才，因此成為我的選項。

從事熊的研究，性別會有影響嗎？

黃：有。像是這類大型食肉動物的研究，一般是男生的天下。二十年前的國際研討會上，資深研究計畫主持人等級的男女比大約九比一，現在大概是八

> 野外研究有時難免會低潮挫折，
> 快要放棄時便問問自己的初衷，這是我永久的後盾。

比二。像我這樣長期跑野外研究熊，又是亞洲女性的教授，恐怕沒有第二人。造成這樣的差異，我想也許因為熊是大型動物又凶猛，研究上不太好操作，男生可能較容易接受。加上研究環境蠻荒原始，對於女性而言，不僅冒險，勞力的挑戰比較大，有時還有生理期的不便。但現在我實驗室裡的女生比較多唷！我猜我可能默默影響到時下年輕女性吧，我也正在觀察這個現象。我的碩士班學生做了各式各樣和熊有關的題目，包含遺傳、人文、生態、行為、環境教育等，不過

我還沒找到確定致力於此業的年輕後進，我很希望能傳承下去。

野外研究那麼艱苦，您如何堅持？

黃：其實上山調查磨練體能的苦，經過訓練是能逐漸適應和承受的。對我來說，真正的苦常來自與人打交道，許多呼籲跟建議，政府管理單位常聽不進去。我總是告訴自己，保持學術良知跟莫忘初衷。我的初衷是喜歡山林，希望我的所作所為有助於維護大自然的完整度，而保育黑熊可以成就我心裡的那座山，實現自我價值。有

■用地面無線電追蹤黑熊經常很難熬，因為看不到熊影，只能聽著發報器嗶嗶嗶的聲音，逐熊而居。

時難免會低潮挫折，快要放棄時便問問自己的初衷，這是我永久的後盾。

從事保育需要接觸公眾，和孤獨的野外調查很不一樣，您怎麼調整？

黃：從事保育，無非是想號召更多人一起加入，為了「成事」，必須收起鋒芒，保育擺第一，個人擺得……很後面。我經常提醒自己，不要因為自我風格而礙事，畢竟我講話太直白、不夠圓融，風格有點強烈（笑）。我不喜歡社交，但我知道科學傳播能讓更多人關心保育，所以我保留自己可以接受的風格，一面去做，虛心檢討和學習，這算是我人生的功課吧！

如何尋找志向？請給讀者一些建議。

黃：我認為一則根據自己的興趣，二則是從工作中尋找價值，做對的事。因為是自己的興趣，所以如果出現問題，你也會想辦法化解，並在處理的過程中成長。有些工作可以產生影響力，對大環境有好的效果，像我認為保育工作是替其他生物和生態著想，對地球環境好，對人類就會好，如此能利益眾生，產生更大的社會價值。

妹仔（南安小熊）好像大自然給我的獎勵，
讓我得到一點慰藉。與她相遇，我充滿感激。

③等黑熊昏迷後，把牠移到空曠處，並確認牠的生理狀況。

④首先用吊秤測量黑熊的體重，需要多人協助支撐木棍。

⑤測量黑熊的各項身體數據與採樣，並為牠裝上追蹤頸圈、耳標與植入晶片。

⑥黑熊清醒前，人員會撤離到安全處，等待黑熊平安離開。

怎麼研究黑熊？

科學家會訪查經常在山區活動的人的目擊紀錄，以及觀察黑熊留下的蛛絲馬跡；也會主動出擊，在黑熊可能出沒的地點安裝自動相機，或是「捕捉繫放」，搭配無線電定位追蹤。

捕捉繫放

捕捉熊安裝追蹤儀器，再放回野外，除了能掌握野外黑熊的健康資料，也便於日後追蹤。這項任務很重要也很困難，並且有危險性。

①在黑熊可能出沒的地點布置鐵桶陷阱，將餌料放在桶內，引誘黑熊落入。

②桶子兩側有透氣小窗，獸醫師使用吹箭向黑熊發射麻醉針。

黑熊研究相關器材

當陷阱內的黑熊昏迷後，團隊要在一兩個小時內，迅速收集牠的血液、分泌物、寄生蟲等檢體和測量資料，為黑熊做基本的健康檢查！並且在黑熊身上打入晶片、耳標，還有繫上追蹤器。

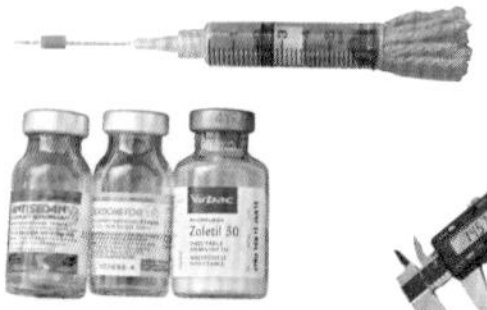

麻醉針與藥劑：讓熊暫時昏迷、失去知覺。

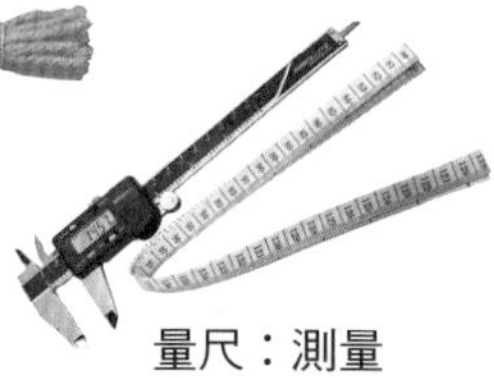

量尺：測量熊的身長。

吊秤：測量熊的體重。

試管：裝填樣本，如血液。

夾鏈袋與簽字筆：用來裝填及標記樣本，如糞便。

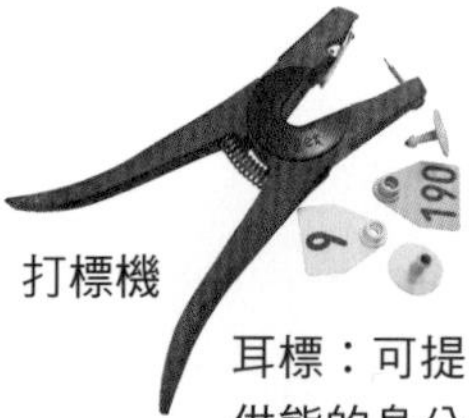

打標機

耳標：可提供熊的身分辨識。

人造衛星頸圈：定位動物所在。

指北針：協助確認方位。

全球定位系統（GPS）

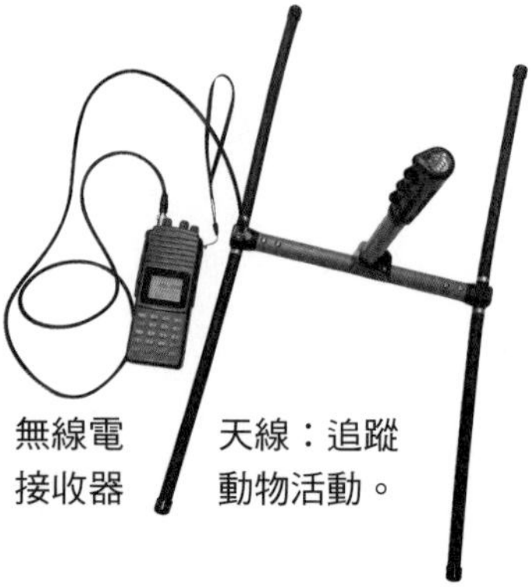

無線電接收器

天線：追蹤動物活動。

無線電追蹤

釋放後的黑熊，頸部的追蹤器會定時接收人造衛星定位資料，並發送無線電訊號，讓科學家可以了解黑熊的位置，同時利用天線接收器追蹤熊的活動狀況，進行較長期的監測。

◀**三角定位法**：不同地點的人各自偵測黑熊訊號的方位角，兩個方向的交角就是黑熊位置。

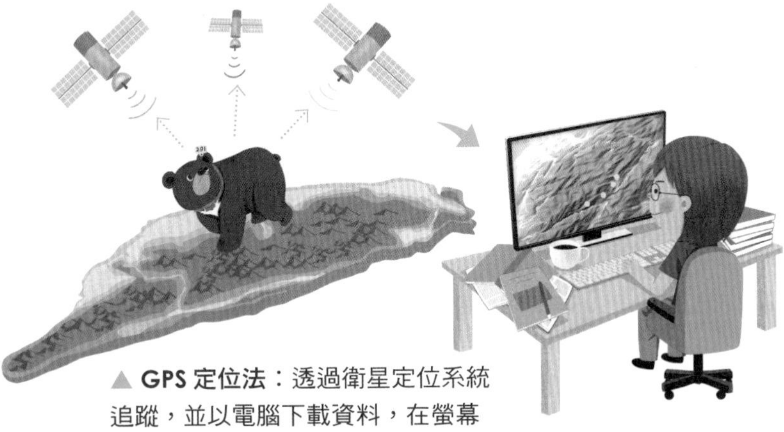

▲ **GPS 定位法**：透過衛星定位系統追蹤，並以電腦下載資料，在螢幕上就可了解黑熊移動的狀況。

熱血昆蟲攝影師

黃仕傑

他的人生峰迴路轉，失去手，卻開啟了新的生命篇章。人生轉個彎，重返童年「蟲」趣，他在大自然中找到了真愛。

人稱「熱血阿傑」的黃仕傑，是知名的昆蟲圖鑑書籍攝影與作者，他開過昆蟲店，養過不少昆蟲，全盛時期甚至多達一千五百隻以上！他南征北討，在東南亞、非洲馬達加斯加、南美洲亞馬遜熱帶雨林裡四處探險，尋找昆蟲蹤影，再用小指「喀嚓、喀嚓」按下快門。至今，傑哥已經出版了十幾本昆蟲專書，還有一隻甲蟲以他為名，叫做「仕傑擬迴木蟲」。他甚至當了電視節目主持人，並且四處演講，分享人生經驗與蟲經——或許，你也曾在臺下見過他的風采呢！

熱血的昆蟲玩家，扛著相機四處捕捉昆蟲身影。著有《甲蟲日記簿》、《鍬形蟲日記簿》、《昆蟲臉書》等十餘本昆蟲專書，並擔任生態節目主持人，入圍第 53 屆金鐘獎。

細心的你是否發現了？剛剛說傑哥是用「小指」拍照——這背後的故事令人心驚，卻是傑哥人生峰迴路轉的關鍵。

黃仕傑是土生土長的臺北人，家境原本相當寬裕，但小學時父親做生意失敗，遠走他鄉，還有黑衣人來家裡討債。看到堅忍的阿嬤失意落淚，黃仕傑只能揉毛巾幫她擦眼淚，一起撐過家庭的劇變。

或許因為家裡紛亂，也或許因為課業就是無法吸引他的興趣，黃仕傑讀完小學，升上國中，成績一直不理想，考上高職後沒多久就中輟了，只能四處打工，到工地挑磚塊、搭輕鋼架，或是去賣檳榔、顧電動玩具店。服完兵役退伍後，由於只有國中學歷，只能從事勞力工作，但他心中有個目標，想在一年內存足一百萬到國外學廚藝，於是身兼三份工作，早上在豬肉攤幫忙，下午在路邊賣鞋子，晚上在電動玩具店顧大夜班。

一天早上，他到豬肉攤工作，把客人訂的冷凍豬油送入攪拌機內攪勻。也不知是不是累得糊塗了，他竟然忘了使用工具，直接用手拿著豬油就往機器推，結果連手也一併攪進去了……最後只留下小指，醫生替他接回了拇指，並且從右腳取下食趾接在手掌上，勉強維持了右手的運作。

長得高瘦、一臉性格的黃仕傑，原本是朋友圈中的風雲人物，頓失右手讓他同時失去了自信。只是他並沒有被打敗，反而化意外為生命的力量，也因此與他的「真愛」——昆蟲重逢！人生篇章峰迴路轉，讓我們聽聽他的分享。

Q&A

右手受傷這件事，如何影響您的人生觀？

黃仕傑老師（簡稱黃）：受傷之後我總覺得，大家會因為我的手，認為我是怪胎，即使傷口已經修復了，我還是習慣把右手藏在口袋裡，假裝自己是左撇子。後來我才意識到，我的人生就如同受傷的右手，需要清理整治，於是我重新審視自己的人生，

不要給自己的人生設限，但無論做什麼事情，
一定都要很努力的去做！

決定找一個和之前不同的正職工作。在朋友介紹下，我成了銷售精品的業務員。起初什麼都不懂，只能幫店長顧店，站崗了一個月才賣出第一組產品。但我不斷鼓勵自己，凡事正面看待，終於逐漸上手，成為許多店家指名的黃金業務員。

怎麼會喜歡上昆蟲呢？

黃：其實我小時候就很喜歡蟲子，工作後再次對昆蟲產生熱情，可說是和生命中的「真愛」重逢。

精品業務工作滿穩定的，時間相當有

黃仕傑走訪世界各地拍攝，也深入雨林，圖為馬來半島的大王花。

彈性。某天有個好朋友問我要不要一起去貓空抓獨角仙，當下我立刻回想起，小時候在山野奔跑找蟲的快樂，還有小學三年級第一次抓到鍬形蟲的興奮！於是我開始拜訪昆蟲館，並且回到自然的懷抱，到處找蟲、養蟲、拍蟲，即使餐風露宿、睡在車上、被太陽晒到脫皮都沒關係，只要能拍下心目中理想的照片，把自己與蟲之間的相遇記錄下來，就是最大的快樂！而且走遍臺灣山林還不夠，只要是熱帶雨林都是我的目標。當年為了前往亞馬遜親眼目睹世界最大的甲蟲——

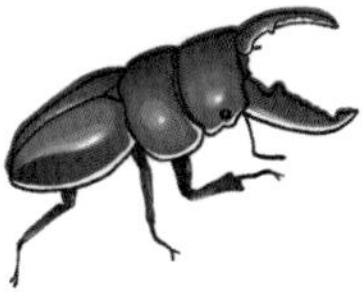

長戟大兜蟲，我拿出所有積蓄，還向銀行借貸二十萬，外加好友贊助，才總算成行。真的很瘋狂！

您如何研究喜愛的昆蟲呢？

黃：只要遇到不清楚的地方，我就會找書、問人，不斷累積有關昆蟲的知識。還會在網路上發表文章，和昆蟲同好相互分享，有時候興致一來，一天甚至會發文二十篇！我也經常協助學者去野外調查。總之，只要有機會學習更多有關昆蟲的知識，我都會認真把握。

對您而言，什麼是夢想呢？有什麼體會能和讀者分享嗎？

黃：夢想之所以是夢想，代表你必須想盡辦法完成！二十多年來，我都是以這種方式來實踐心中想做的事，很投入——也有人說這樣叫「熱血」。回頭看，我覺得自己的人生繞了一大圈。小時候不愛讀書，現在卻寫了一本又一本的書，而且我還要繼續寫下去，主題也不一定只限昆蟲。

我想跟讀者說，不要給自己的人生設限，但無論做什麼事情，一定都要很努力的去做！

時間要對！想在野外觀察昆蟲，必須配合牠們的成蟲時間。例如甲蟲，有些白天活躍，有些則適合夜間觀察。事先查詢資料，才不會空手而返。

7～8月推薦蟲種：鬼豔鍬形蟲！是臺灣最大的鍬形蟲，體長近 10 公分！

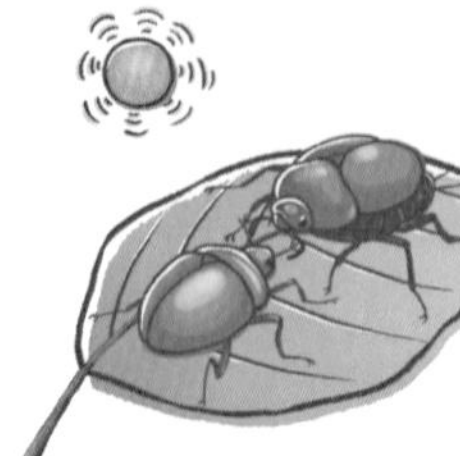

金龜子：全年可見／日間觀察

鍬形蟲：4～10 月／獨角仙：6～8 月／夜間觀察
許多昆蟲有趨光性。在晚上點燈拉布幕，能誘引不少昆蟲。
鍬形蟲是青剛櫟的常客，獨角仙最愛光蠟樹。

菜園的葉菜特別吸引美麗的金花蟲。

構樹的果實會吸引各種動物來取食，甲蟲也超愛！

地點要正確！甲蟲棲息地點有些在高山，有些在平地郊區，甚至是居家附近的菜園或公園。不少甲蟲以樹汁為食，特別喜歡樹幹會流出汁液的樹種；果樹下腐爛的果實堆裡也可見到甲蟲覓食。夜行性甲蟲大多會受到光線吸引，所以山區路燈下也是觀察的好地點。

慢慢走，仔細看！善用觀察力和分析力，邊走邊觀察樹幹，若顏色不同或有突起，可能是蟲子造成的。樹洞或樹皮裂開的夾層是天然掩蔽所，也可能躲著昆蟲，但要小心別捅到蜂窩或蟻巢！

昆蟲
圖鑑

中低海拔森林裡常見的扁鍬形蟲身形扁扁的，適合躲在樹縫中。

回家查圖鑑！看到蟲要記好外觀、顏色、形狀、花紋等特徵，記錄在筆記本上，也可用手機、相機拍照，回家查資料。

走！跟著傑哥看蟲去！

想到野外看蟲，就得知道怎麼找蟲，更要注意安全。跟著傑哥的「撇步」做，也許你會成為下一位厲害的昆蟲達人！

帽子：防晒，帽沿最好大一點。
長袖衣褲：防止蚊蟲叮咬。
顏色的選擇：最好是墨綠、淺灰、土黃等大地色。千萬不要穿黑色或太深的顏色，免得引起虎頭蜂注意！
毛巾：可擦汗，還可蓋在脖子上預防晒傷。
後背包：放置拍攝裝備，也放食物和水，還有筆記本、雨具、外套和 OK 繃等。
高筒鞋：保護雙腳。不可穿拖鞋！草叢裡可能有蛇或蜈蚣！

注意：一定要走在步道上才安全，如果幸運找到樹上有鍬形蟲或獨角仙，很可能也會有虎頭蜂，要小心！不可亂抓或靠近！

記住：看到喜歡的蟲不可任意抓取或帶回家。如果有能力養牠，未來也不可以任意棄養。

氣象預言家

吳聖宇

在人生進入工作、生活都穩定的時候，
突然來場大轉彎，勇敢追尋從小以來的夢想。

今天是熱還是冷？出門要帶傘嗎？打開電視或上網看天氣預報，所有資訊一目了然，好方便呀！但你知道這些預報是怎麼來的嗎？原來，這些預報來自一群「預言家」！他們可不是信口開河的算命師，而是每天收集各種天氣資料，依據自身的專業及經驗審慎的做分析，並且經過眾人的討論，才會對接下來的天氣變化下判斷——他們是天氣分析師。

吳聖宇大約在二〇一二年加入天氣分析師的行列，他對這份工作的

化學與大氣科學碩士，曾任化學工程師，目前在天氣風險公司擔任天氣分析師，長期觀察守望臺灣的天氣。

熱情，源自小時候一個造訪臺灣的「怪颱」——韋恩颱風。韋恩颱風在臺灣周遭繞來繞去，長達十幾天之久，奇特的路徑引起吳聖宇對颱風及天氣的興趣，於是他開始自己找相關書籍來閱讀。

長大之後的吳聖宇，因緣際會並沒有走上天氣相關的路，而是就讀了化學系，畢業後到化學廠擔任工程師長達十年，但是吳聖宇對天氣的熱情

並沒有因此消磨。網路的發達讓他有了發展興趣的空間。在電子布告欄「批踢踢」（PTT）上有個大氣板，是許多氣象迷聚集討論、分享資訊的地方，吳聖宇幾乎每天在大氣板發表有關天氣預報的文章，幾年下來逐漸累積了名聲，被板友暱稱為「卡大」，也認識了許多志同道合的朋友。後來，在朋友的引薦下，吳聖宇有了進入天氣相關工作的機會。

毅然決然轉行的吳聖宇重拾心中的熱情，目前在天氣風險管理公司任職。公司裡的成員都是對天氣很有熱忱的人，儘管這份工作是看天吃飯，有它辛苦的一面，但每個人都樂此不疲。採訪吳聖宇的那天中午，臺灣東南方海面有個熱帶性低氣壓突然升格為「魔羯」颱風，引起辦公室裡一陣騷動，大家見面的招呼語不是「吃飯沒？」，而是「命名了喔？」一時之間，所有話題都繞著這個臨時升格的颱風打轉。

天氣風險管理公司是什麼樣的地方？在這裡工作有什麼好玩或辛苦的一面？天氣分析師又在做些什麼呢？聽聽吳聖宇怎麼說。

Q&A

天氣風險管理公司跟氣象局有哪些不同之處呢？

吳聖宇經理（以下簡稱吳）：氣象局是政府單位，負責氣象觀測及預報，把天氣資訊提供給全民。天氣風險管理公司則是一般的民間公司，會針對客戶提供「量身訂做」的資料。比如說，新北市消防局特別在意下雨時，每小時的雨量會不會超過四十毫米，一旦超過，他們就得啟動應變行動。因此我們會針對這件事做預測，提供資訊給他們。

又例如，我們提供農委會的資料，會針對農業上的需求，像是高溫對作物的影響等，拍攝給農民的預報影片也會使用臺語以及農業術語。

天氣分析師都在做些什麼？

吳：我們主要的工作就是預報天氣！每天我們會收集來自各種管道的氣象資料，例如衛星雲圖，以及其他國家的氣象單位發布的預報，加上我們公司用電腦計算出來的資料，然後經過專業的解讀，判斷接下來的天氣，再製成預報單。

氣象資料是從哪裡來的呢？一般人也看得到嗎？

吳：現在氣象資料很公開，網路上幾乎都找得到。但是這些資料不一定準確，必須靠天氣分析師判斷或修正，得到精準的天氣預測後，才能公布出來——這就是我們的專業。

預測會有不準的時候嗎？

吳：天氣預報當然不可能百分之百準確，因為影響天氣的因素太複雜，即使有電腦幫忙計算，也可能得到天差地遠的結果。

其中最不容易預測的，是梅雨季的天氣狀況！梅雨鋒面來臨時，常在局部地區下起大雨，然而不論是下大雨的時間或位置都很難預測，所以會發生預報不準的情況，例如二〇一七年六月初，臺灣就曾在梅雨季時發生無預警的超大豪雨。相較之下，颱風反而比較好預測。

颱風來時，天氣分析師會特別忙嗎？

吳：這是我們最忙的時候了！除了要不斷關注颱風動態，發布最新消息之外，農委會或其他縣市成立防災應變

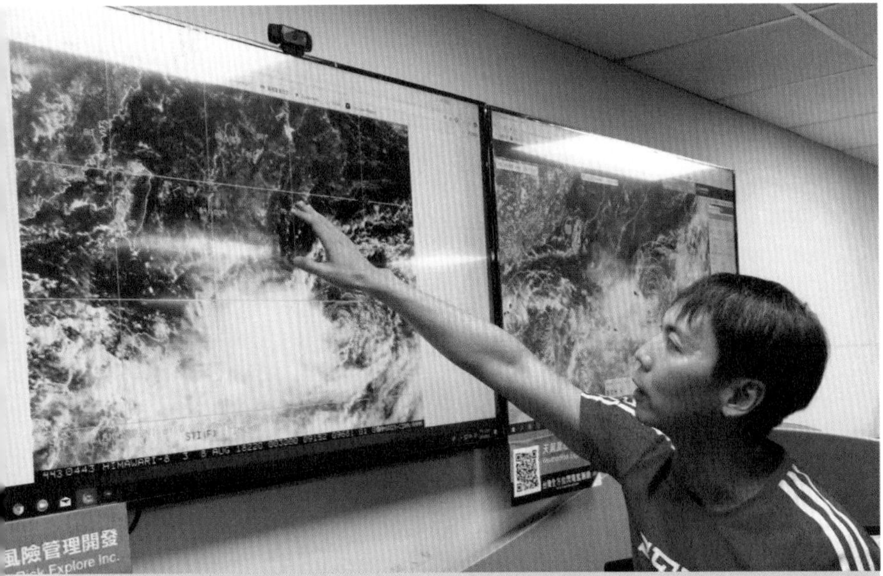

■完成一次預報，常常得看數百張預測圖，再整理出正確的資訊。

中心，我們也必須派人去駐守，擔任氣象顧問。那時辦公室反而很冷清，只留下最少的人力來統合資訊、發布消息。所以，當颱風天大部分的人都躲在家裡避風雨時，我們反而不斷工作，日夜不分，直到颱風離去、警報解除，工作才告一段落。

天氣分析師的工作就是看天吃飯，因為天氣事件發生的時間不一定，我們只能配合。例如當午後雷陣雨下得特別久時，即使超過下班時間，我們也會持續觀察天氣，直到雨勢減緩、確定不會再有大雨才下班。如果半夜突

然下起雨，我們也會在家即時觀察並發布消息。

您能當上天氣分析師，一定是對天氣非常有熱忱吧？

吳：我從小在宜蘭長大，多雨又多颱風的環境，讓我對氣象這門科學產生了濃厚興趣，尤其小學二年級時，百年罕見的怪颱韋恩來襲，它在臺灣附近轉來轉去，長達半個月之久，每天新聞頭條都是颱風消息，這樣奇特的情況深深烙印在我的腦海中，也成了我想了解、認識大氣科學的動力。

後來為何沒有選擇相關科系就讀呢？

吳：那時氣象學科畢業的出路，不是進入氣象局就是民航局，而且每年招考名額很少。而當年臺灣化學產業正蓬勃發展，各產業都需要化學背景的人才，考量未來出路與家人建議，最後沒有選擇自己的最愛，而是進入化學系就讀，研究所畢業後也順勢進入相關產業工作。

雖然如此，我對氣象的熱愛並沒有減少，反而更想靠自己做些什麼。當時網路社團興起，我便在網路上發表天氣預測文章，一寫就長達十幾年。後來有朋友告訴我防災氣象單位缺人手，我決定放手一搏！於是人生大轉彎，轉進了自己最愛的氣象領域，同時攻讀人生第二個碩士學位——大氣科學。

可否從您的歷程，與讀者分享心得？

吳：很多小朋友可能現在還不知道自己的興趣，但是我鼓勵大家努力找出自己真正喜歡的事情，因為

就算一開始不能隨著興趣發展，還是要繼續精進自己，
這樣機會來臨時，才能好好把握。

未來如果能把興趣和工作結合，真的是一件很棒的事！除了尋找興趣，還要培養「不放棄」的精神。許多人一開始都不能隨著自己的興趣發展，但你不知道機會何時會降臨，只有不放棄，繼續精進自己，當機會來臨時，才能好好把握。

人生有無限可能，不論起步得多晚，還是要盡力朝著自己的目標前進，即使要冒險，也應該脫離舒適圈試著努力看看。我已經走在這條路上，也深信自己可以成功，逐夢踏實，大家一起努力吧！

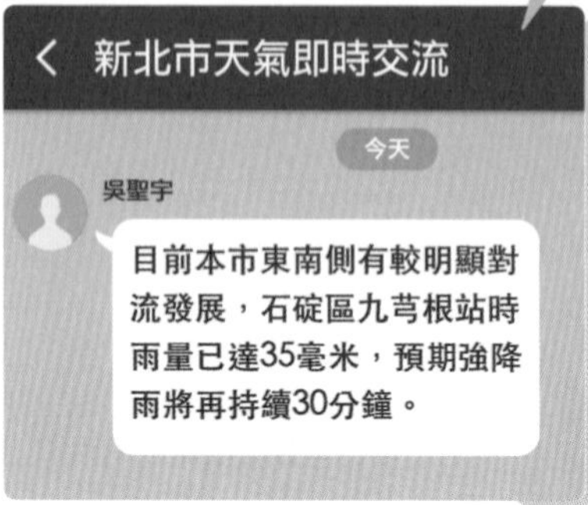
新北市天氣即時交流
今天
吳聖宇
目前本市東南側有較明顯對流發展，石碇區九芎根站時雨量已達35毫米，預期強降雨將再持續30分鐘。

13:00

進入「守視」，隨時關注有沒有突發的天氣事件，比如即將發生午後雷陣雨，就要即時提供相關訊息。

16:00

下班，但如果有突發狀況，可能要留守。

今天午後雷陣雨下好久……得守到雨勢減緩才能下班了。

■天氣風險管理公司有個小小的攝影棚，常用來拍攝預報影片或錄製節目，天氣分析師也會提供專業協助。

天氣分析師的一天

收集氣象資料並判斷天氣，是天氣分析師的工作。雖然現在可以參考很多電腦模式資料，但仍相當仰賴經驗與專業知識。

7:00

進公司，收集氣象資料。

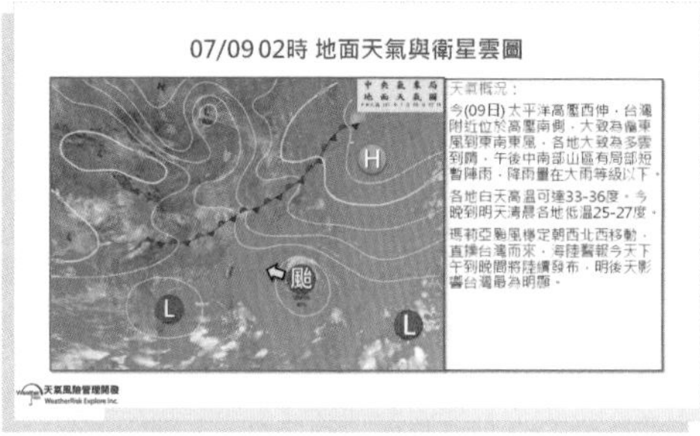

8:30

開晨會，討論當天到未來三天左右的天氣型態，得到一致的結論後，發布給合作單位。

9:00

開始做一些比較細部的預測，比如當天最高溫會到幾度、出現在哪裡，或是各地的降雨狀況等，把資料提供給需要的單位。

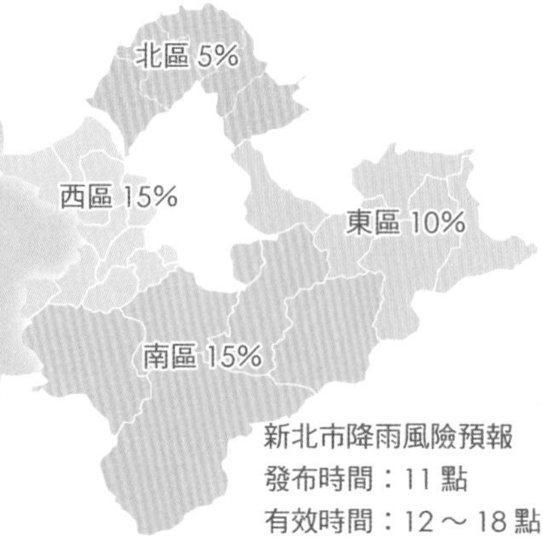

新北市降雨風險預報
發布時間：11 點
有效時間：12～18 點

徐嘉君

攀上天空之城

起初只是走進森林，她可從沒想過，拉著繩索登上樹頂，享受樹冠層的風景及微風吹拂，會成為日常生活的一部分。

想像你在畫一棵樹，是不是會先畫一朵綠色的「雲」，然後往下接起粗壯的樹幹和底部的樹根？若畫得更細一點，還會增添分岔的樹枝——這朵綠雲以及雲內枝條，就是「樹冠」。人類對樹冠的認識其實很不完整，不過近年科學家花費許多力氣攀上樹頂，終於知道樹冠層自成一座空中小庭園，還潛藏許多新物種。

臺灣有一位科學家專門研究樹冠層，她就是林業試驗所的助理研究員徐嘉君博士，更精準的說，是研究樹冠層的附生植物。徐嘉君踏入附生植物的研究已有

成大工業設計系畢業，臺大植物科學碩士，荷蘭阿姆斯特丹大學生態及生物多樣性博士。目前為林業試驗所助理研究員，以及「找樹的人——巨木地圖計畫」主持人。

二十幾年，在附生植物生長繁茂的夏季，幾乎每一兩週就要出野外調查一次，足跡遍布全臺山林。多年的歷練讓徐嘉君不但懂植物、懂森林，深入人煙罕至的山區成了家常便飯，更重要的是，她還攀樹攀成了專家。拉著繩索登上樹頂，享受樹冠層的風景及微風吹拂，也成了她日常生活的一部分。

攀樹做研究看似有趣，但其實專業得很，不但需要體力、技巧，也需要許多特殊的裝備、工具，是個充滿挑戰的工作。而大學原本是念工業設計系的徐博士，又是如何跨足到植物科學領域的呢？來聽聽她的分享！

Q&A

您從小就喜歡自然生態嗎？

徐嘉君博士（以下簡稱徐）：我從小就喜歡觀察植物，也喜歡畫畫，但對於動物沒有特別的興趣。尤其有次參加生物營隊，實驗課程要幫青蛙做脊椎穿刺，我沒辦法接受這件事，因此高中選擇了沒有生物課的第二類組，大學時則進入工業設計系就讀。

從工業設計系畢業後，什麼機緣讓您跨足到植物領域呢？

徐：我念工設系時成天畫畫、製作模型，過著日夜顛倒的日子。後來有了自覺，想深入了解植物，於是申請輔系生命科學系，進入小草研究室做專題研究。大學時我也加入環保社，累積了不少生態觀察經驗。後來就在設計作品與研究自然生態之間，選擇最愛的植物，進入臺大植科所念碩士。

碩士班的研究內容是什麼呢？為什麼會開始攀樹？

徐：我的碩士論文主題是研究附生植物，這類植物大多生長在樹冠層上，所以得學攀樹。當時我主要在宜蘭的福山植物園進行研究，那裡的樹木不高，大約只有十五到二十公尺，所以用比較原始的方式攀上去，也就是在樹幹上釘樹釘，然後一步一步踩著爬上去——很刺激吧！

近幾年攀樹技術及裝備都有很大的進步，使用的繩索具有安全機制，我也開始爬上三十公尺以上的大樹了。

您攀到樹上後，都在做些什麼呢？

徐：我會在樹上採集附生植物樣本，還會詳細的量測那棵樹，記錄樹幹直徑，枝條數目、長度、生長的角度與方向等。有了這些數據，可以畫出樹木的立體結構圖。我也會在樹上設氣象站，收集雨量、溫度等數據。這些資料可以協助我研究植物和森林的生態，對森林保育很重要。

這些工作可以獨力完成嗎？還是需要其他夥伴呢？

徐：如果是比較矮的樹，我會獨力架繩攀上去調查，比較高大的樹就需要團隊合作。人多時架繩比較容易，如果遇到直徑超過兩公尺的樹，就會需要兩個人在空中同時拉開皮尺進行測量。所以我們到野外調查時，通常會結伴，找兩三個有攀樹經驗又會辨認植物的人一起去。

您每次攀上樹後，大約會待多久？

徐：攀樹要花費很多精力，所以我不會輕易下去，希望在樹上盡可能把工作做完，所以有時一待就是七八個小時。為了避免想上廁所，也只能吃喝一點點東西。

此外，人不能一直吊在半空中，不然會影響大腿的血液循環，因此我有時會在樹上找個地方站或坐一下，適時休息。

在樹上時有什麼感覺呢？

徐：很開心！每次登上樹冠層，看到的風景都不一樣，樹頂的溫度和風的吹拂也讓我覺得很舒服。在樹冠層常常會有令人驚喜的發現，例如珍貴的

■架繩時要把繩子拉回來，有時需要多人合力一起拉。

一葉蘭，這種植物在一般人力可及的地方都被採光了，但我竟然在樹冠層上發現不少。我還看過臺灣獼猴在林間穿梭，當身形比較嬌小的小獼猴跟著猴子媽媽奮力向前跳躍，卻只能勉強抓到猴子媽媽抓過的枝條時，真是讓我為牠們捏一把冷汗！

爬到那麼高的樹上，您不會害怕嗎？

徐：我不怕高，不過在樹冠層上往四周移動時，必須先解開連接攀樹主繩的環扣，然後重新把自己安全固定到新的點，才能前進到下一個點。在這

■臺灣一葉蘭是臺灣特有的蘭花，一株僅有一片葉子，經常成群附生在布滿苔蘚的樹幹上。它的假球莖（左）埋在苔蘚或腐葉內。

個過程中會有一點害怕，行動時也得特別小心。

在您攀樹的經驗中，曾發生過意外或驚險的事嗎？

徐：有啊！攀樹用的主繩很重要，必須架設在穩固的枝幹上才安全。我有次攀到樹上才發現，固定主繩的枝幹只是長在臺灣杉上的小樟樹，非常驚險！還有次架繩的樹枝有點往下垂，所以在攀爬的過程中，繩圈一路向外滑動，幸好沒有鬆脫，否則我就會跌下去了。我還曾經在四十到五十公尺的高空中移動後，發現自己沒有確實安裝好勾環，等於是沒有確保安全的狀態。攀樹有很多無法預測的狀況，幸好一路平安。

您會覺得到山林裡攀樹做研究很辛苦嗎？需要具備什麼能力呢？

徐：我的實驗室就在野外呀！出野外是工作所需，要喜歡才能做得長久，再辛苦也能接受。由於我的工作是在森林裡進行調查，除了要懂植物、懂森林，還要了解氣象知識；我經常進到人煙罕至的山區，所以也要有野外

勘查和登山的能力。事前需了解當地天氣和地形，遇到不宜攀樹的狀況，則要隨機應變，執行備案或撤退。

如果讀者對於攀樹或樹冠層有興趣，您有什麼建議呢？

徐：現在坊間有很多休閒攀樹的教學活動！近十年來攀樹也發展成一項運動，可以訓練全身的協調能力，又能親近大自然，有機會不妨體驗看看。樹冠層跟一般科學相比算是很新的領域，投入研究的人還不多，它的生態系統相當複雜奇特，需要深入探討，因此我很希望能有更多人投入這個領域。光是攀上十公尺高的樹冠，世界就會比你想像中遼闊很多唷！

野外研究是工作所需，
要喜歡才能做得長久，
再辛苦也能接受。

②重量測試。把吊帶勾在主繩上，測試主繩能不能承受重量，並確認樹上的固定點足夠堅固。

▶吊帶穿在腰部和腿部，上面有勾環可連結主繩。

吊帶

③開始攀樹。沿著主繩，搭配繩結法或腳踩上升器，一步步攀上樹。

④進行採樣與測量。到達枝幹之後離開主繩，利用短繩確保安全，然後移動到希望調查的地方採樣或測量。

攀樹的繩索系統很複雜，上樹時一定要專心、保持清醒。

攀樹怎麼攀？

大樹頂層藏著祕密花園，讓我們爬樹上去一探究竟！

①架繩。把攀樹主繩掛到數十公尺高的堅固枝幹上，並固定。

▲用大彈弓將附著沙袋的牽引繩發射到樹上，拉回繩索後，將牽引繩換回攀登主繩，此時也會送上樹皮保護器，避免樹木受傷。

沙袋

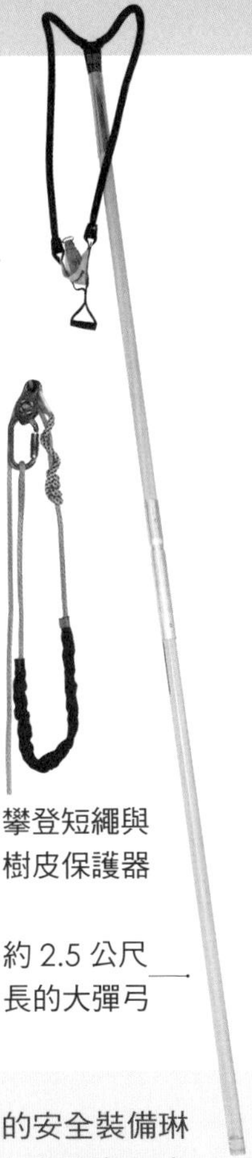

攀登短繩與樹皮保護器

約 2.5 公尺長的大彈弓

◀攀樹的安全裝備琳瑯滿目，如頭盔、上升器、下降器、滑輪、帶子等。所有工具都用勾環扣在身上。

▶用槌子在樹幹上釘銅釘做記號。

▲夾鍊袋收集樣本。

▲紀錄本可掛脖子上。

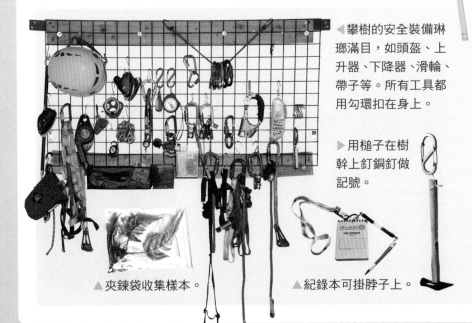

繼續往前，最終就會找到答案！

小時候常會遇到一種作文題目，要寫出長大後想做什麼。你寫過嗎？我長大後才發現，知道自己要做什麼，並且堅持下去，有多麼不容易！

這個章節收錄的達人，在人生的旅途上轉了不少彎，過程中他們就算失敗或是失去方向，還是繼續往前！吳聖宇和黃仕傑，一個對天氣充滿熱情、一個對昆蟲愛不釋手，不過因為現實考量，沒有依照興趣選擇科系或工作。但他們並沒有放棄喜歡的事物，仍然花時間鑽研。後來機會來臨，他們便勇往直前的踏進自己最愛的領域，開創另一片天地。黃美秀在追逐夢想的路途，儘管不是事事順心，但保有面對各種選項的彈性，最後達成心願，沉浸於喜歡的山林，成為黑熊專家。

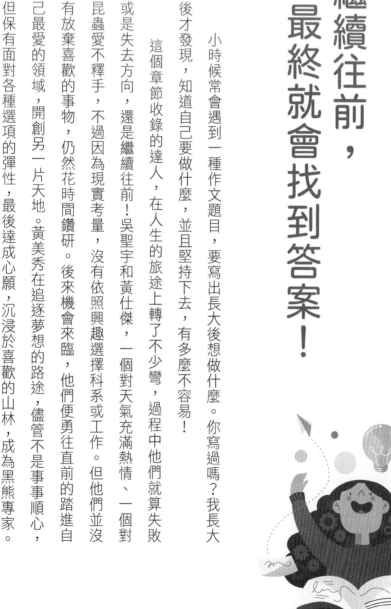

追夢的過程不見得一帆風順，有時會面臨抉擇，不得不暫時放下夢想，但只要堅持下去，最終就會找到解方！

想想看：

①你的夢想是什麼？要如何達成呢？試著寫下自己往夢想邁進的途徑，和同學、家人或師長討論，也可以上網或去圖書館查資料。（例如：我想當動物園管理員——高中讀自然組↓大學就讀動物系或生物系↓去動物園實習……）

②追求夢想可能遇到種種阻礙，像是家人不支持、經濟不許可、大環境趨勢或價值觀的影響等，不少人因此放棄，選擇比較受認同或是相對安穩的工作。看看上題畫出的「夢想路徑圖」，你覺得自己可能在哪些過程遭遇哪些困難，再想想看可以如何克服。

3

意外的收穫

打造化學遊樂園

高憲章

他用小貨車載著的不只是化學，更是魔術、歡笑、遊戲，還有讓孩子愛上化學的神奇戲法。

噗嚕嚕——一臺帶著繽紛彩繪的小貨車開進了學校，這不是來賣雞排或紅豆餅的，而是「化學遊樂趣」團隊的化學行動車。只見車子停好，側板一打開，貨車立刻搖身一變成了簡單的舞台，工作人員忙上忙下，把燒杯、燒瓶等化學器材搬上舞台布置好，再三確認細節，檢查各種化學溶液，一切都是為了接下來精采的化學實驗活動！

臺下擠滿了好奇的同學，彷彿要登場的不是化學實驗，而是精采的

■淡江大學化學博士，現為淡江大學理學院科學教育中心執行長，負責化學下鄉活動計畫，經由各種實驗與全臺國中生分享化學的驚奇。

魔術表演。主持人用生動活潑的表演逗得全場哈哈大笑，還找同學上臺操作「神奇的魔術步驟」。當溶液從透明變成彩色，或是出現黃金般美麗的懸浮顆粒時，同學們的眼睛個個睜得好大，哇！原來化學這麼好玩！這是化學遊樂趣負責人高憲章的日常。

化學遊樂趣是淡江大學科普中心的活動團隊，他們在全臺「巡迴演出」，到各國中小學表演實驗、帶同學親自動手做，大家邊

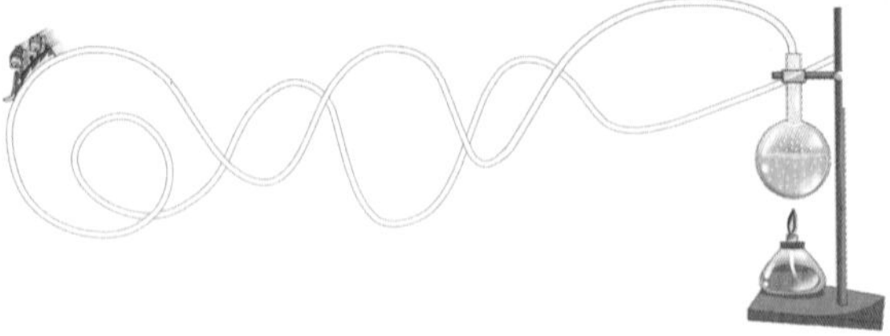

做邊玩，感受化學的魅力。身高一百八十九公分的高憲章，時常彎下腰來指導同學基本實驗技巧，分享有趣的經驗。面帶笑容又親切的他往往很快能與同學打成一片，在那裡他不是遙不可及的化學博士，而是同學們口中的「小高」。

小高從博士班一畢業，就開始參與化學遊樂趣。他自認不是絕頂聰明的人，做不了一流的研究，但透過化學遊樂趣十年下來、四百多場活動，他把化學推廣到臺灣每個角落！說不定你也在學校看過小高的表演，或曾在活動中和同學玩瘋了？不論如何，來認識小高與他一手打造的化學遊樂園吧！

Q&A

您一開始為什麼會參與化學遊樂趣？

高憲章博士（以下簡稱高）：當初淡江大學為了配合「國際化學年」，提出了這樣的計畫，那時博士班剛畢業的我，被指派去執行這項活動。而且我從小就發現，自己解釋、說明事情

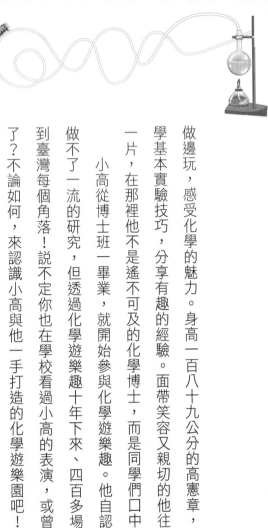

的能力似乎比別人強，因此科普推廣對我來說是滿合適的工作。

您從小對化學有特別的興趣嗎？

高：我小時候很崇拜穿白袍的人，像是醫生，還有實驗室裡的化學家。我也很崇拜影集《百戰天龍》的主角馬蓋先，班上同學常常討論馬蓋先利用科學原理解決困境的過程。我當時聽不太懂，但我知道反正跟化學有關！那時雖然覺得這些人很酷，不過我的化學沒有因此變強，只是可能在心中埋下了一顆種子吧。

■小高在臺上舉起燒瓶倒轉，演示實驗，化學反應產生如黃金般的美麗效果；同學在臺下也聚精會神的「玩」實驗。

雖然成績不好，但您後來如何一路念到博士班、成為化學博士呢？

高：我一路走來算是跌跌撞撞的，晚了好幾年才把大學念完。在求學的過程中，我體認到自己不是絕頂聰明的人，未來可能做不了高深的研究，但是我可以做實驗。

做實驗講究的是細心與觀察力，還有分析實驗結果的能力，而這些能力只要花時間就可以訓練出來——對我來說，只要能做得到，我願意花很多時間去做。也是因為這樣的毅力，最後我才能成為化學博士。

流浪天涯的團隊

化學遊樂趣大約有五位成員，除了具有化學背景的碩士和博士，也有人處理行政工作。一年六七十場活動，團隊成員都很習慣流浪天涯。每場活動包括前置作業至少得花兩天，外宿是家常便飯，難得回家時，就趕緊洗衣服，因為可能隔天又要帶著行李箱出遠門了。

化學遊樂趣的活動至今超過四百場，發生過什麼令人印象深刻的事嗎？

高：有啊！像是在臺上表演出問題、開車開到差點翻車、招不到計程車等各種令人心臟快要停止的事情都遇過。

有一次我的主持搭檔沒出現，那天兵荒馬亂，臺上演示的溶液漏加了一樣東西。結果當來賓把水倒入溶液中，沒有出現該有的顏色變化……我當場心臟漏跳了好幾拍，腳軟得差點跪下來。幸好我靈機一動，想到另一個杯子裡裝的溶液是正確的，趕緊找個藉口讓來賓重新操作，才勉強過關。

> 實驗需要細心、觀察力及分析能力，這些花時間就能訓練出來；只要是做得到的，我願意花很多時間去做。

化學遊樂趣的活動為什麼主要以偏鄉或非都市的學校為主？

高：我發現許多偏鄉學校的化學實驗室根本無法做實驗，因為缺少具有化學背景的老師，實驗室也沒人管理，很多藥品標示不清或沒有妥善存放，可以想見那裡的學生一定從來沒做過化學實驗。也因此，相較於都市的學生，偏鄉學生對我們的活動總是非常好奇也很積極，因為那可能是他第一次接觸化學實驗。

化學遊樂趣會一直持續下去嗎？

高：只要有經費，我們就會繼續做！這個活動剛開始的那一年，我們擔心沒有學校邀請我們去，但現在許多學校會主動邀約，許多政府單位也會找我們合作，成績應該算不錯。這十年下來，我也很感謝許多富有熱忱的人加入團隊，以及企業團體的幫助。如果不是這些人，這臺車大概早變成一堆廢鐵了。

您覺得化學遊樂趣最大的價值為何？

高：雖然我們無法很明確的說，誰一定會因為我們的啟發而成為化學家，但多少能讓參與過的同學了解化學、喜歡化學。

有一年我們去臺東的一間國小，帶同學做史萊姆。隔了一年後，我們又去了臺東，儘管去的不是同一間國小，卻在民宿遇到前一年帶過的同學。他們很高興的跑來問我們，可不可以再帶他們做一次史萊姆？甚至為此在民宿門口等我們到晚上。

我覺得很感動，因為這表示我們一年前真的引起了他們的學習動機，讓他們從「想玩」開始，對化學產生興趣。

這就是我們的活動最有意義的地方。

◀化學行動車內像個簡單的實驗室，側板打開將實驗室露出，再把鐵板放下增加舞臺面積，就可以上演各種精采的實驗了。

▼2018 年起增加的小跟班「跑跑分析車」，打開後方的門也可見到一個小舞台，活動設計更能引導同學思考，並帶入化學儀器的介紹，讓對化學有興趣的同學獲得更深入的研究體驗。

綠色魔法建築家

林憲德

喜歡美術的他，找到了將興趣與專業結合的最佳方法，設計出環保與美感兼具的綠建築。

我們的生活不外乎食衣住行，但這些基本需求卻在在耗費著地球資源。現在多數人願意將環保付諸行動，使用環保餐具、吃在地或當季食物、搭乘大眾運輸工具，甚至有一種建築概念——綠建築！綠建築的目的是把建築所耗費的資源降到最低，不論是建造時，還是人們進入建築物居住或工作時，都盡量減少碳排放、融入自然生態、節省能源的消耗、降低對環境的破壞。

成功大學建築系的林憲德教授是綠建築的專家，他從成大畢業後，到日本東

■日本東京大學工學博士，現為成大建築系講座教授，同時是知名的環保、節能、綠建築、風土建築的作家。

京大學研究節能，取得碩士及博士學位，也是從那時起，林憲德認為建築應該可以很環保。回臺灣之後，他一手催生出台達電南科廠、成大綠色魔法學校、嘉義二二八紀念館等極具代表性的綠建築，稱得上是臺灣最「綠」的教授。

不過，林教授小時候最喜歡的是美術，後來為何選擇了建築這條路？要當一位綠建築專家，最重要的是什麼？聽聽他怎麼說！

想蓋出一棟綠建築，第一步是什麼？需要怎樣的團隊？

林憲德教授（以下簡稱林）：要先了解綠建築是什麼。綠建築的「綠」這個字，意思是對地球環境友善。一棟建築物從選擇建材開始一直到完工，再到啟用，整個過程對地球的傷害和衝擊，都要降到最低。

了解綠建築之後，需要找建築團隊。除了主導整棟建築的設計師，還會需要兩位重要的專家：空調設計者和水電設計者。

綠建築很講究能源使用效率，因此需要空調設計者規劃高效率的空調；水電設計者則針對照明、電梯等電機的部分設計，避免出現不必要的浪費，例如用了噸位過大的空調設備，或是太多盞燈。

怎麼知道自己的建築設計符合綠建築的標準？

林：臺灣有一套綠建築的評估系統，是我們替內政部設計的，它像一本指

嘉義二二八紀念館具有獨樹一格的通風設計。

導手冊，只要各方面的設計都符合上面的規範，就可以獲得綠建築標章。

設計一棟綠建築，要花費多少時間？

林：一般綠建築只要跟著評估系統設計，不會太困難。不過成大綠色魔法學校，因為是研究機構的綠建築，我們想了許多不一樣的設計，並做了許多研究，光設計就花了兩年的時間。舉例來說，為了研究通風塔，我們先用電腦模擬氣流的流動狀況，再做了一個二十分之一大小的實體模型，把煙灌入模型裡，看看煙流是否照著設計的通風路線跑，稱為「煙流實驗」。另外像屋頂花園，我們用回收的水庫淤泥做成陶粒，種植彩虹竹蕉等耐旱植物。為了確認效果，我們先在輔英科技大學的屋頂試種了一年。

綠建築從設計到落成還有哪些工作？如何獲得認證？

林：跟一般蓋房子一樣，中間必須監工，確認工人依據設計施工。另外可以在還沒開始蓋之前，拿設計書申請綠建築認證。完工時，政府會再審查一遍，並且提供正式的綠建築標章，

綠色魔法學校

由林憲德教授領軍，與三位頂尖教授，帶領 12 位博碩士生做實驗研究、共同打造。採用 13 種綠建築設計手法，達到節能 65%的目標，其中最精彩的是採用自然浮力通風的技術（右圖）。

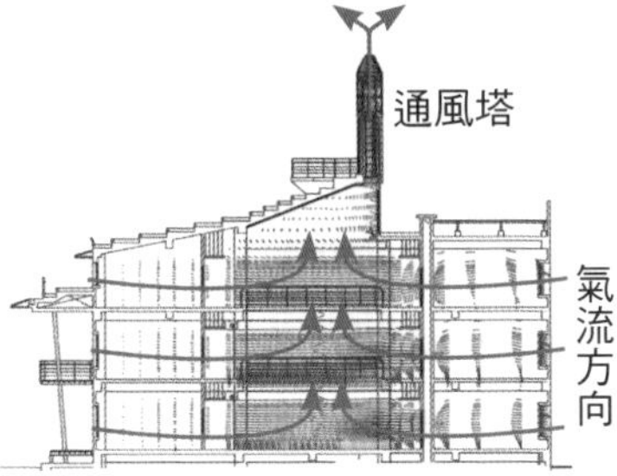
通風塔
氣流方向

中庭通風塔加上了黑色鋁板，可吸收太陽的熱能，幫助加熱塔內空氣，帶動氣流。
風力發電機組
太陽能板
屋頂花園美麗又抗熱，可阻隔噪音和空氣粉塵。
設置許多通氣開口，可讓空氣流入。

讓你掛在建築物上，這樣就完成了！那也是我最感到高興的一刻，因為綠建築是人類對地球一種無悔的努力。另一方面，建築設計是無止盡的，我們永遠不會滿足於現在的設計，會繼續鑽研下去。

聽說老師本來喜歡的是美術，後來怎麼會踏上綠建築這條路的？

林：因為當年老爸不讓我讀美術系！（笑）不過這也讓我在建築和美學上都有一定專業，才能讓台達電南科廠和成大綠色魔法學校這麼漂亮。

沒有依照自己的興趣念美術系，您會感到遺憾嗎？

林：我對畫畫有興趣，但我覺得很多興趣是來自「努力」和「鍥而不捨」。我念建築系時，和畫圖有關的科目都名列前茅，但我後來選擇做節能，這是建築系裡最硬也最枯燥的項目。我對空調、能源、科學本來沒有興趣，數理也不算強，但我認真投入之後，就產生了興趣。所以不要太早限制住自己的路，把美術練好的同時，也可以把科學學好。每個人每個階段都會改變，記得保有自己的多樣性。

如果讀者對綠建築或環保有興趣，可以做什麼準備？您有什麼提醒呢？

林：對環境有興趣的話，不一定只能做綠建築啦！環境科學範圍很廣，包含物理、化學、生物、地質學、經濟學，在土木或工程也有可以發揮的地方。不過要做環境相關的研究，「誠實」是最重要的事。誠實的意義就是讓科學說話，不人云亦云，例如混凝土對環境的傷害是可以用科學計算出來的，就必須正視這些數據，才能做出真正對地球友善的事情。

設計圖是建築的第一步！林教授及學生在設計綠色魔法學校時，也曾一筆筆將腦內構想畫下來。

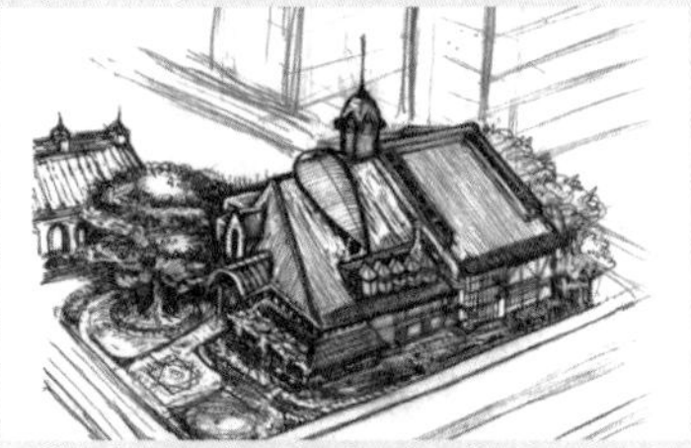

從這張草圖，可看出設計上保留了附近建築群的古蹟特色，但屋頂加上葉片造型的太陽能板。

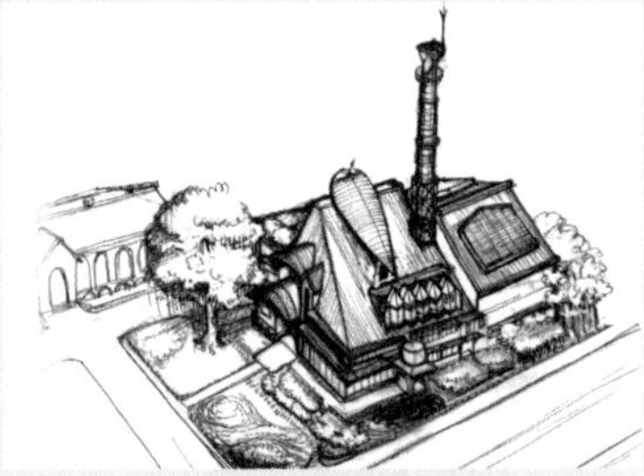

第二張草圖加入通風塔的設計，還有大大的天窗，可控制陽光進入建築的光量。

第三張草圖上多了五間能源實驗小屋及屋頂花園。

土壤守護者

王巧萍

原本沒有科學夢的她，進入森林系後有了意外的收穫！來看她如何把所學的知識運用在農業，甚至可以救國救民、救鄉救土。

我們腳下的土壤看似安靜，其實裡面居住著各式各樣的生物，是孕育自然界萬物的大地之母。但有關土壤的科學研究，在臺灣一直不受關注，尤其森林土壤是在一九七八年出現酸雨現象後，才開始受到重視。

人們過去不斷在土地上種植作物，肆意汲取土壤中的養分，但土壤的功能不只是讓植物生長得好，還有其他重要的影響，例如全世界超過

百分之二十五的生物住在裡面。保護土壤，就等於維持生物多樣性；另外，土壤中的腐植質還能提高保水力，有助於涵養水源。

■中興大學森林系碩士、德國歌廷根大學森林土壤學博士，現任農委會林業試驗所研究員，致力於土壤生態學研究，推動土壤生態保育。

行政院農委會林業試驗所的研究員王巧萍博士，正是位土壤專家。她從德國取得土壤博士回臺後，進入林務局，後來轉調到林試所，研究森林土壤超過二十年。除此之外，她也研究森林的養分與碳氮循環、全球氣候變遷等領域。

幾年前她在植物園做研究，看到樹上長著山蘇，沒有施肥卻長得茂盛健壯！後來她觀察到山蘇底部有團基質，裡面躲著各式各樣的蟲子！原來，那些蟲形成了微小卻完整的生態結構，可提供山蘇需要的養分。王博士認為這件事在農田裡也成立，因此租了塊地，親自下田種植、做實驗，希望能培育健康的土壤，用來取代施肥。

王博士近年來更致力於推廣土壤保育教育。為了讓民眾更了解土壤生態系的重要性，她在林試所推動計畫，與劇團合作，製作溫馨的親子偶戲，到各縣市演出，希望藉由戲劇讓大家認識土壤生物。不過，王博士並不是一開始就想當科學家，只是抱持著對國家社會的熱情，最後摸索出屬於自己的道路。究竟王博士為何選擇土壤進行研究？來聽聽她的分享。

Q&A

可以稱您為土壤科學家嗎？沒想到有這種職業。

王巧萍博士（以下簡稱王）：土壤科學家其實是一項很古老的行業，在國外行之有年，只是在臺灣還不太受重視，以此為業的科學家屈指可數。

您小時候是不是喜歡玩泥巴、抓蟲，所以才對土壤有興趣呢？

王：其實沒有！我是在都市長大的孩子。我們那個年代考大學，是先填志願才考試，所以會從第一志願開始往

■王博士在福山研究中心進行「茶包試驗」。將茶包埋在土裡，可研究土壤固碳能力和土壤生物多樣性。

下填，考試成績公布後，考上什麼系就去念什麼系。我是因為這樣進入了森林系，後來又讀森林研究所，才會接觸到土壤科學。

為什麼念森林系會變成研究土壤呢？

王：很多事能試就去試試看！我原本是對「都市林業」有興趣，這門學問研究的是森林在都市中的功能，我覺得會是未來的趨勢，可能還可以救國救民、救鄉救土。只是後來的求學過程不如預期，就轉到別的道路，開始研究酸雨。

■王巧萍博士對土壤深感興趣，除了森林，也把所學的知識運用在農田上。有時農民還會來請教她有關土壤的問題。

酸雨是環境議題，讓我覺得可以為地球做點事。當時讀過德國的《酸雨與酸土》和美國的《生物地質化學》這兩本書，對我的影響很深，也因此開始對土壤產生興趣。

老師是在德國取得森林土壤的博士學位，為什麼會選擇德國呢？

王：我所讀到有關土壤的書籍中的例子，很多是來

> 我覺得科學家是一個美好的職業，
> 它能滿足你的好奇心和求知慾，讓你為你的目標做一些事。

自德國的概念。德國對土壤的關注和研究比其他國家都早，所以我決定直接到德國求學。我當時連一句德文也不會，但還是去了。

回國後為什麼會到林試所工作呢？

王：剛回來的時候我找不到工作，因為土壤領域在臺灣太冷門了。我當時一心想把所學貢獻給國家，而臺灣的森林大部分屬於林務局管理，於是我參加了公務員考試，進入林務局，從事比較偏行政的工作，後來才轉調到林試所。

在林試所的工作有趣嗎？

王：很有趣！林試所是研究單位，只要跟森林有關的事都屬於研究範圍，研究成果可以運用在林業上。

另一方面，我覺得科學家是一個美好的職業，它可以滿足你的好奇心、求知慾，讓你為你的目標做一些事。

主要的工作內容是什麼？

王：我在林試所擔任研究員，負責提出研究計畫並且執行，例如調查臺灣森林土壤的碳庫存量，研究都市森林的功能等等。研究土壤時，常需要前往各個調查地點，將土壤樣本帶回研究室，分析土壤的性質，才能了解當地土壤的特性，知道可以怎麼使用，或是該如何改善，找出對土地最好的做法。為民服務也是我們的基本工作項目，只要民眾提出需求，我們都會找機會服務，像是科普演講、土壤分析等等。

老師也針對小朋友辦了不少活動，像是「誰在地下呼吸？」，是希望傳遞什麼訊息呢？

王：我覺得比起說服大人理解、重視

土壤，不如從孩子開始。如果小朋友都能夠了解土壤、保護土壤，長大之後就會是個愛護土壤的人。

臺灣一直以來對土壤的知識較缺乏，我希望可以盡我的力量，將這塊缺口補起來。

您會給想研究土壤的讀者什麼建議？

王：要知道哪邊有土壤嘍！請先觀察身旁的土壤組成，裡面有什麼生物。另外我鼓勵學生盡早摸索出自己的喜好和興趣，學科學不只是念書或當科學家，生活中處處都是科學喔！

土壤食物網：土壤間的生物關係緊密，許多生物在土中攝取食物、消化並排泄，加上捕食與被捕食的關係，還有死亡與分解的過程，構成綿密的食物網路。

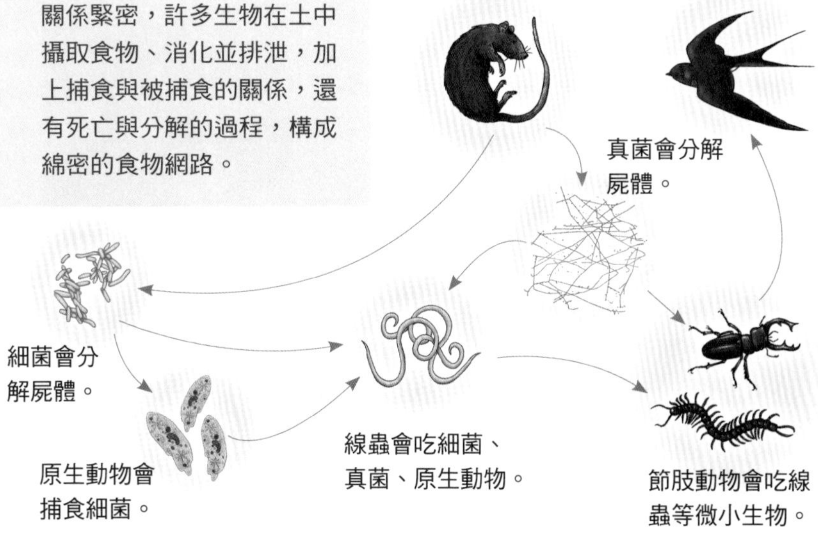
動物遺骸可回歸自然循環利用。
鳥會捕捉小型節肢動物。
真菌會分解屍體。
細菌會分解屍體。
原生動物會捕食細菌。
線蟲會吃細菌、真菌、原生動物。
節肢動物會吃線蟲等微小生物。

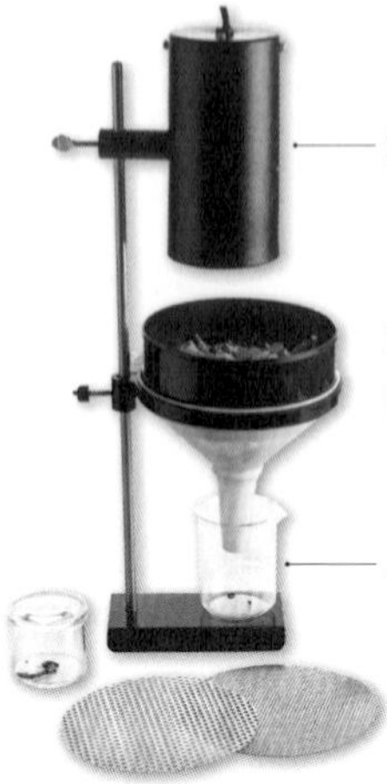

▶**柏氏漏斗分離法**：以燈泡、漏斗、過濾網、收集瓶架組成。從每個取樣點取回約 10 公分深的土壤，並把土放在漏斗的濾網上，讓燈泡像太陽一般強烈照射，討厭光的土壤生物會往下鑽，順著漏斗掉入收集瓶中。瓶裡可裝酒精，放置一到三天。

④**土壤生物的分類與計數**：將採集到生物的容器取回，用鑷子小心的將土壤生物夾出來。先依照外形、大小，把相似的土壤生物放在培養皿上排列好，再用放大鏡或顯微鏡仔細檢查，將不同種類的生物分開。數數看，總共捕捉到幾種土壤生物？數量分別是多少？記錄下來。

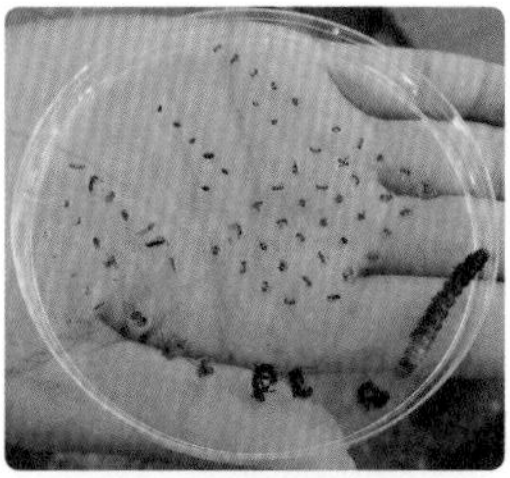

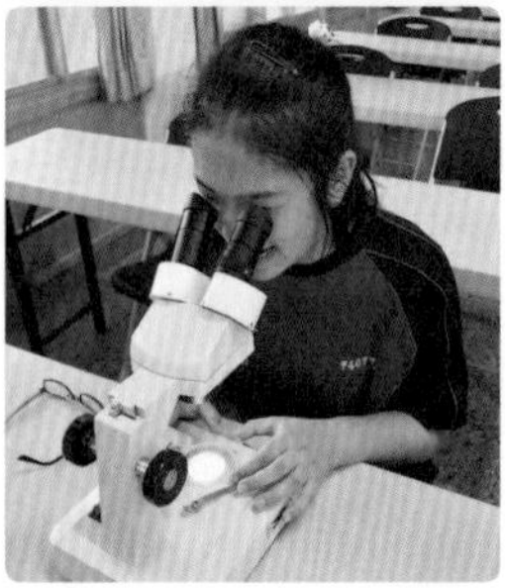

■將標本依照大小和種類排列，這麼做方便在顯微鏡下觀察，也容易計算每種生物的數量。

⑤**判斷土壤狀況**：要判斷土壤健不健康，需要做很多檢測，在家或學校裡不容易進行。但基本上土壤愈健康，所含生物種類和數量愈多。統整一下各個採樣點的土壤生物種類和數量，哪個地點的土壤較健康呢？

小土人出任務

你家的盆栽、學校樹下、公園花圃，甚至是垃圾場或工地裡，居住了哪些生物呢？按照下列步驟，當個厲害「小土人」！

①**觀察**：找找看家附近哪裡有土，觀察土壤的顏色，並取一點土摸摸看，把觀察到的特徵記錄下來。可以多觀察幾個地點。

②**選擇採樣地點**：挑選兩到三個具有不同土壤特徵的位置。選擇的地點必須有足夠空間埋設陷阱！太小的盆栽就不適合。

③**採集土壤生物**：土壤生物通常都躲在落葉或石頭下，甚至土壤裡，因此調查土壤生物除了需要耐心，還必須使用陷阱或特殊工具才方便觀察。最常見的調查方法是「掉落式陷阱法」和「柏氏漏斗分離法」。

◀**掉落式陷阱法**：只要在取樣點挖一個洞，把小瓶子或杯子放入，然後在容器中倒入一些酒精，讓掉入陷阱的生物泡成標本。陷阱要放置一到三天，要注意別讓裡面的酒精乾掉了。

當巫婆愛上動物

張東君

愛動物不一定要當博士。她以知識為魔法，右手寫書、左手翻譯，讓更多人愛上動物。

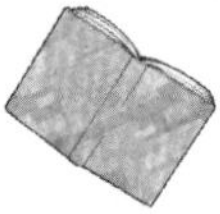

哇哈哈！好厲害的魔幻笑聲！原來，是青蛙巫婆——張東君來了！

童話世界裡只有把王子變成青蛙的巫婆，怎麼現實世界裡竟然來了位巫婆取名為青蛙？而且這位青蛙巫婆造型還很特別，經常戴著一頂圓圓的鴨舌帽，帽下長髮編成十來條長辮，圓圓的眼睛炯炯有神，背上一個背包，背包裡時常裝上好幾本書，還可能冒出動物玩偶！她一遇上人就呱啦呱啦，眉飛色舞，充滿笑聲，只聽對方說著「真的嗎？」「動物有這麼厲害！」「哈哈哈！」

想從事自己的興趣，
最重要的是要有決心，能夠好好安排時間，
兼顧成績，才可能兼顧興趣。

臺大動物系、動物所畢業，日本京都大學理學研究科動物學教室。科普作家、推理評論家，現任臺北動物保育教育基金會祕書組組長、臺灣推理作家協會理事。

能讓人聽得這麼開心，難道這位巫婆會魔法？是的，青蛙巫婆有魔法，她的魔法正是她豐富的動物知識。從小，張東君就喜歡動物，大學念的是臺大動物系，畢業後繼續在臺大動物所攻讀碩士，後來考上日本京都大學博士班，專攻動物行為與生態。

這麼厲害的才女理當可以到大學裡教書或做高深的研究，不過巫婆卻放棄博士學位，立志透過筆，把科學知識普及到臺灣各地，也就是從事「科學普及寫作」的工作，像是寫書，或把國外的科學好書翻譯成中文，介紹給你和我。這枝筆，就是青蛙巫婆的魔法棒！

為了親愛的動物，青蛙巫婆右手寫書、左手翻譯，在臺北動物保育教育基金會工作十幾年，四處辦活動，還東奔西跑到各地演講。她最大的心願是「著譯等身」，也就是寫作與翻譯的書疊起來，至少要和身高一樣高。這個願望在她的努力下漸漸成真，如今她的著作已經有三十幾本，翻譯作品更是超過兩百本——很可能你也看過！像是《象什麼》、《爸爸是海洋魚類生態學家》、《屁屁偵探》、

《有怪癖的動物超棒的！圖鑑》……

到底青蛙巫婆對動物的興趣是怎麼培養出來的？又有什麼動力支撐她不斷往前，使今天的她能夠施展文字和語言的魔法，把動物科普知識散播到各處？聽聽她怎麼說，想想自己能怎麼做。

Q&A

為什麼您叫「青蛙巫婆」呢？

張東君老師（以下簡稱張）：因為我讀博士班時做的研究是青蛙呀！而且我長的既不像公主、也不像王子，笑聲又和巫婆差不多，所以就請大家叫我青蛙巫婆吧！

青蛙巫婆怎麼學會「動物魔法」呢？

張：我很好奇、什麼都想知道，從小又有很多機會學習動物知識，如果這樣還不能學會「動物魔法」，不是太說不過去了嗎？

我爸爸是海洋魚類生態學家，過去在臺灣最高的研究單位——中央研究院和臺大動物系工作，那時我們全家都住在中研院的宿舍裡，我每天上下學路上遇到的叔叔、伯伯，全是很厲害的博士。而且那時中研院附近都是稻田，整個環境就像個大院子。

我在家養過不少動物，像是兔子、小雞、小鴨、倉鼠等，還有水蛇會從澡缸的排水孔爬出來！有一次隔壁婆婆打死一條蛇，蛇肚子裡竟然跑出十幾條小蛇——但蛇不是下蛋的嗎？當時有位大哥告訴我，那叫做「卵胎生」。

因為有這樣的環境，我從小接觸動物的機會很多，當然有興趣也很重要，我遇到問題就發問，而且能問到最厲害的人！中研院裡全是專家，能夠講到我聽懂為止。

圖書館、書店也是我常出沒的地方，我讀了很多關於動物、魚類的書。我想，就是因為有這些養分，在潛移默化之中，我漸漸學會了「動物魔法」。

為什麼不用您的「魔法」當教授呢？

張：很多人這麼問。當教授當然很不錯，不過我更想走自己想走的路。

日本名古屋東山動植物園的金剛猩猩

■為了動物保育，青蛙巫婆經常趴趴走，前往國內外動物園或保育中心。她對於沙巴的野生大象情有獨鍾，每隔一段時間就會前往關心，大象也成了她的寫作靈感。

在沙巴京河旁漫步的野生婆羅洲矮象

臺灣青山蝸牛

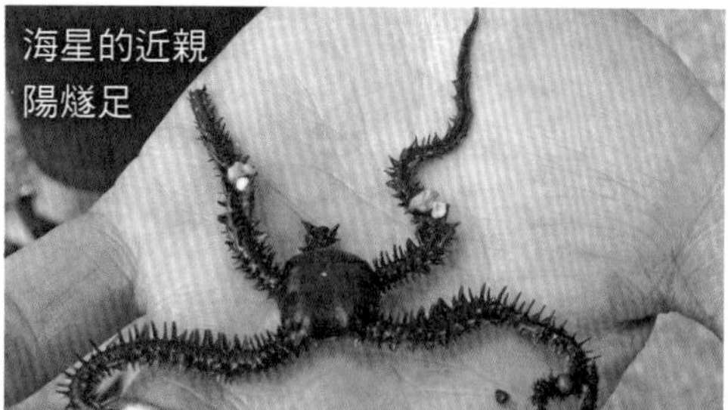
海星的近親
陽燧足

■青蛙巫婆愛動物，不管到哪裡總是帶著相機獵取精彩鏡頭，而且什麼怪奇動物她都不怕，有時直接抓起來就觀察。

命運很奇怪，我在快三十歲、修完博士課程，要完成論文的當下，突然有一天打雷，把附近人家的電視都打爆了，我的電腦也沒躲過。更慘的是，我的論文全在電腦裡，沒有備份，多年辛苦一下子付諸流水！

不過這場雷打中的不僅是我的論文，還有我的腦袋。我問自己，是不是真心要走學術路線？那是我從小看到大的道路；或者，我該選擇一條比較陌生但也許更合適我的路？

那時我已經出版第一本科普書《動物勉強學堂》，而且相當受歡迎。重寫論文並不難，只要肯花時間，但我不想做已經做過的事。許多我認識的人都會寫論文，但寫科普不是人人都能做的事。博士論文以後再寫也不遲，而我覺得我可以把科普寫得與做得比別人更好。

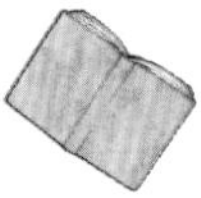

「動物魔法」也能用在科普寫作嗎？

張：當然！動物知識是科學的一環。我從小愛看書，還記得小時候去補習班，有時會在樓下的書店看書看到忘記上課；十二歲生日時有人送我科普書《所羅門王的指環》，讀了之後，

我就模仿書裡的動物學家勞倫茲，拿鐵絲彎一彎，套上媽媽的舊絲襪做成網子，在我家前面的水溝撈大肚魚。看書對一個人的影響真的很大。

我愛動物，想為所有的野生動物盡一分心力，透過寫作，我能讓更多人愛上動物。有趣的是，原本講了也不一定有人愛聽的保育知識，在我成為作者後，反而有人主動邀約我演講保育的主題。

除了自己寫，我一聽到有誰出版了有趣的書，或到國外旅行時逛書店看到不錯的作品，就會帶回臺灣詢問有沒有人想出版，我來翻譯。寫書、翻譯、四處演講，這就是我愛動物的方式。

對您來說，從事科普寫作後最重要的是什麼？

張：我爸爸是位重要的動物學者，從小我就在他的光環下成長。不過後來有次我爸爸很哀怨的對我說，他因為是青蛙巫婆的爸爸而被認識了！人需要找到自我的定位，因此鼓勵大家選一條自己有興趣又能帶來成就感的道路邁進。現在的我除了是我爸爸的女兒，還是我自己——青蛙巫婆。

④出書！和讀者見面。

為了讓更多人知道新書出版，作者常需要到各地演講，或上廣播、到書店介紹書。

謝謝你們，
真開心！
我好喜歡
這本書！
請幫我
簽名！

哇，我翻譯的書印
出來了！超棒的！

這本書真是太有趣了！

除了自己寫書，青蛙巫婆也會注意國外好書，推薦給臺灣的出版社，並親自翻譯。

怎麼寫出一本書？

①找靈感。
雖說是靈感，但其實大多來自經驗、觀察，並不是憑空想像。

上次看到的那隻矮象……

我想讓讀者邊笑邊學到動物知識。

②寫寫改改。
寫書需要很多調整和修改，砍掉重練也是很平常的事。

不錯喔，出書吧！
太好了！

③接洽出版社。
寫好了！這時可找出版社洽談。有時也可以自己出版。

林文隆

讓牠們重返大自然的家

如果你很喜歡動物，不一定要走入野外，
我們平時居住的地方可能就有不少誤闖都市叢林的動物。
照顧並讓牠們重返大自然，是需要很多耐心與愛心的工作！

你有沒有在路邊遇過無助的小動物？或許是常見的麻雀，也或許是蜥蜴、野兔，牠們可能因為受傷或生病，無法自由活動，只能停在原地等待好心人救援。幸好，有一群人專門救援這些動物。臺中野生動物保育學會的研究組長林文隆，就是以救援野生動物為己任，他和學會義工每天都會到臺中市的各個角落，接收民眾撿到的動物，然後帶回學會。

中興大學昆蟲所畢、師大生命科學博士，
現為臺中市野生動物保育學會研究組組長，
除了救傷動物，也研究猛禽。

儘管保育學會的資源不多，但林文隆集結志同道合的義工，一起在有限的資源下，給予野生動物最多的援助。

臺中野生動物保育學會成立於二〇〇六年，救援的野生動物不可計數，有成功野放的，也有無法存活的。這些經驗的累積讓林文隆對野生生命的意義很有感觸，他說：「對野生動物最好的方式，就是讓牠們回歸大自然，有尊嚴的活著。」

另一方面，林文隆也為領角鴞推動了「巢箱計畫」。領角鴞主要生活在低海拔山區，牠們不會自己築巢，而是找樹洞來繁

殖。然而人類的開發使得低海拔森林愈來愈少，樹洞也愈來愈難找，於是林文隆決定幫牠們蓋房子！木板做的巢箱不但能給領角鴞一個棲身之地，林文隆也在巢箱裡放錄影鏡頭，觀察領角鴞的生態，一舉兩得。現在全臺巢箱超過四百個，而且許多設置在校園，也就是說，那些學校的學生有機會親眼看見貓頭鷹！來聽聽林文隆分享他與野生動物的故事。

Q&A

臺中野保學會最常收到什麼動物呢？

林文隆組長（以下簡稱林）：最常收到的是鳥類，牠們多半是因為從鳥巢裡掉出來，或是不小心被鳥網纏住而受傷。也有不少民眾送來的是才剛離巢、正在學飛的幼鳥，牠們其實很健康，並沒有受傷，是大家太熱心了。第二多的是蛇！其實市區有很多蛇，牠們有時跑進住家，民眾就會通報消防隊或我們去幫忙抓。這些蛇大多是

健康的，並不需要送回學會治療。不過我們利用這些通報，整理了各種蛇的出沒地點和季節，做為以後捕蛇的參考。

野保學會收到動物之後，會怎麼處理呢？

林：我們會先判斷動物出了什麼事，例如是被車撞還是中毒了？接著會測量牠的身長、體重等基本資料，初步得知動物的健康狀況之後就開始照護，像是處理傷口或是動手術，甚至是接骨。如果動物順利康復，我們會帶去野放，讓牠回歸大自然。

> 對野生動物最好的保育方式，
> 就是讓牠們回歸大自然，有尊嚴的活著。

但有時動物傷勢過重、無法存活，我們會在牠死後進行解剖，確認死因，當做日後照護動物的參考資料。有時也會把死去的動物做成標本。

您在野保學會主要負責什麼工作？

林：我負責規劃研究工作，包括動物剛被送來時要探討牠的病因或傷勢，以及死後進行解剖、探討死因。

在臺中野保學會的資源分配上，研究約占百分之三十到四十，照護約占百分之五十到六十，剩下百分之十則用在推廣教育。我認為研究在整個救傷過程中是非常重要的，累積愈多研究資料，就能讓下一隻被送來的動物獲得愈好的照護。

臺中野保學會的工作由義工負責，當義工有什麼條件嗎？

林：沒有限制條件，我們的義工來自各行各業，有上班族、獸醫，也有許多社區媽媽，他們有人單純想來餵動物，有人喜歡做標本，也有人下了班不想動腦，只想來貢獻勞力。

在臺中野保學會工作這麼多年來，遇過什麼有趣的案例嗎？

林：我們抓過好幾次豪豬，牠們通常是從生態農場「落跑」的，因為全身是刺，警察無法處理，所以通報我們去抓。我們也曾在逢甲夜市抓過被棄養的馬來猴。有時民眾的通報也讓我們又好氣又好笑，像是壁虎卡在車子的冷氣口、蜥蜴跑到家裡，還有人沒聽過壁虎叫，以為家中鬧鬼哩！

當初為什麼會開始推動巢箱計畫？

林：主要原因是我想研究領角鴞的繁殖與氣候變遷之間的關係。領角鴞的數量很多，又常因為找不到樹洞而有落巢的現象，如果在樹上放置人工巢箱，應該能吸引領角鴞在那裡繁殖。

在推動的過程中，我發現巢箱計畫最可貴的地方在於它的教育意義。為了增

■在巢箱裡鋪設葉子、樹枝後，就可以掛上樹木，等待領角鴞來訪。領角鴞會在人造巢箱裡生育可愛的雛鳥寶寶。

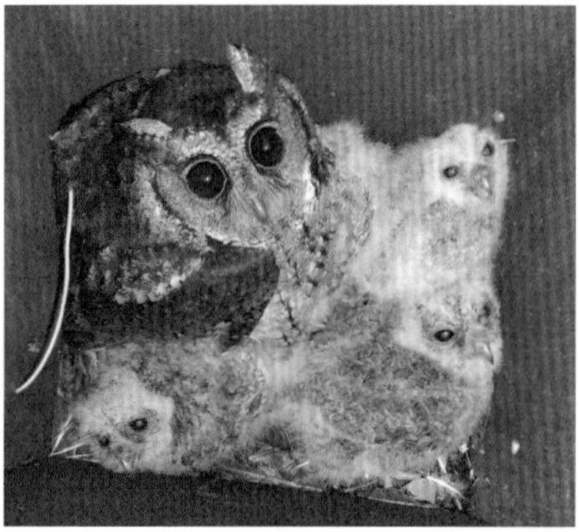

加採樣的數量，我向許多學校申請架設巢箱。多數學校一開始都半信半疑的問：「我們這裡有領角鴞嗎？」要花很多時間溝通，他們才勉強讓我試試看。結果三個月後，領角鴞就入住了。能讓都市小孩知道「都市真的有領角鴞」，是巢箱極重要的意義。

巢箱計畫曾經觀察到有趣的現象嗎？

林：我們遇過一隻母領角鴞，牠連續十一年都在同一個巢箱裡下蛋，期間還換過「老公」。牠是目前在我們的紀錄中，活得最久的領角鴞。

另外，由於領角鴞是秋冬繁殖期才會入住，其他時候會有不少動物造訪巢箱，如大赤鼯鼠、蛙類等，所以那裡就像動物旅館一樣。

如果讀者對野生動物有興趣，您有什麼建議呢？

林：歡迎來野保學會當義工！我們的義工裡有不少國中生，不過我們規定來學會時不可以讓爸媽接送，必須自己坐公車來。雖然義工經驗有助於申請高中，但我們希望來的同學是真心喜歡並且願意為動物付出！

將康復的動物野放，是學會義工最有成就感的一刻。

◀這不是甜筒！牠們是「保定」中的猛禽。檢查或餵食猛禽時，必須用毛巾或報紙固定，避免牠傷害人類，稱為「保定」。

▼這隻貓頭鷹在義工細心的照護後，順利康復。因此帶去野外釋放，讓牠回歸大自然。

▶就算是中小學生，只要喜歡動物，都歡迎來當小幫手！

④送到野生動物救傷單位

可以掃描下方 QRcode，網頁中有全臺救傷單位的資訊。把動物運送到合適地點，讓專業的人妥善照護。

請不要這樣做！

⚠ 不要帶回家自己養

野生動物的習性不易熟悉，若只看外表可愛就帶回家養，反而可能犧牲了無辜的生命。

⚠ 不要餵食也不要餵水

虛弱的動物不一定適合進食，反而可能會嗆到。此外如果餵食不合適的食物，會讓情況更嚴重。

救護野生動物這樣做

①判斷是否需要救援

先觀察牠所處的環境，如果是草地或路邊，而且外觀無外傷，牠可能其實很健康，不需要救援。這種情況常發生在幼鳥或幼獸身上，牠的父母通常就在附近，所以無須擔心。如果牠在危險的馬路上，或有明顯外傷，或是待在原地很久都沒有移動，那就可以進一步幫助牠。

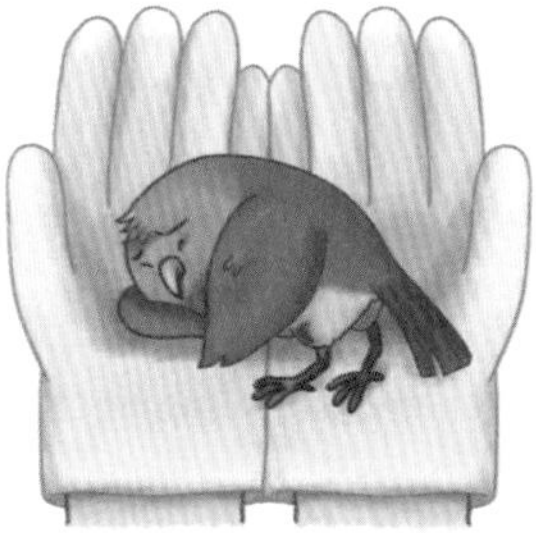

②小心的伸出援手

救助動物時，一定要戴著手套或隔著毛巾、衣料保護自己，避免被動物咬傷、抓傷，或被動物身上的病菌感染。

③安置動物

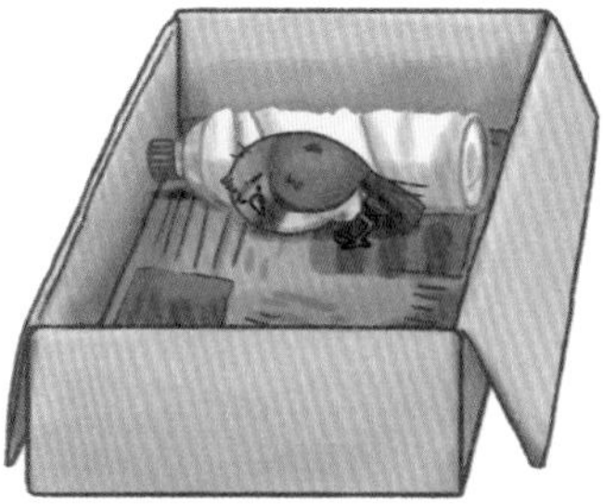

準備紙箱，在上面打幾個通風孔洞，並於底部鋪上一些報紙或布料，將動物放入。紙箱內陰暗的環境可以讓動物比較安定，相較之下，鐵籠容易讓動物驚慌亂撞，反而加重傷勢。如果動物有失溫的狀況，可以用毛巾包裹暖暖包，或把裝熱水的寶特瓶放入紙箱。

Mimi 老師說

人生是自己走出來的！

有的人在求學期間很喜歡某位老師，因此訂定了志向；有的人出國旅遊，被眼前景色感動，決定成為攝影師；另外有些人則是按照成績，進入了自己不太了解的科系。不過人生很有趣，有時在看似平靜的路上，會出現意外的插曲，讓人拓展視野，看到更漂亮的風景。

王巧萍按照考試成績進入了森林系，後來遇到自己有興趣的土壤科學，進而成為專家。林憲德從小喜歡畫畫，但並未走上美術一途，後來他發現，小時興趣可以和長大後的專業相輔相成。另外，誰說念博士班只能做研究或當大學教授？張東君找到自己更擅長的方式，將所學所聞分享給更多人！

讀到這裡，你發現了嗎？人生是自己走出來的，所學所讀不見得要和未來職

業有直接的相關，重點是發揮想像力，並且不停努力！在求學的過程中，別只顧著讀書和考試，而要多方嘗試與探索，也許不同的人生道路，就這樣浮現了！

想想看：

①家人或師長是否曾建議你未來可以進入哪些科系就讀？查查看，這些科系畢業的學長姊從事哪些工作？你喜歡這些工作內容嗎？

②工作的選擇有時和個人特質有一定的關聯，你有哪些特質或優點呢？心思細膩或是人緣很好？觀察力入微，還是個行動派？這些特質有助於哪些工作呢？可以和同學或家人討論並交換意見！

③你聽過「斜槓」嗎？這個詞表示一個人可以身兼好幾份工作。你的「斜槓」可能由哪些工作組成？它們彼此有什麼關連？（例如：吳聖宇／化學工程師／PTT大氣版版主／馬拉松跑者）

4

我有一個太空夢！

發射夢想上太空

張和本

小時候常仰望天空，看著飛機在空中飛行，長大後學習航太科技，成為太空科學家！

太空站上有那麼多好玩的事情，加上科幻電影裡的精采情節，不少人把太空人當成一生的志願！不過，要當太空人並不容易，多數對太空有興趣的科學家，其實是在地球上努力做研究。儘管不能上太空，他們對太空仍懷抱著夢想，探索太空的執著也絲毫不減。

張和本博士就是這樣的太空科學家，他小時候住在臺中清泉崗機場附近，時常看見飛機，甚至看過墜毀在田中的飛機殘骸，因而引發好奇

■成大航太系畢業，美國田納西大學太空研究院博士，曾任國家太空中心「福爾摩沙衛星五號」計畫主持人，現已退休。

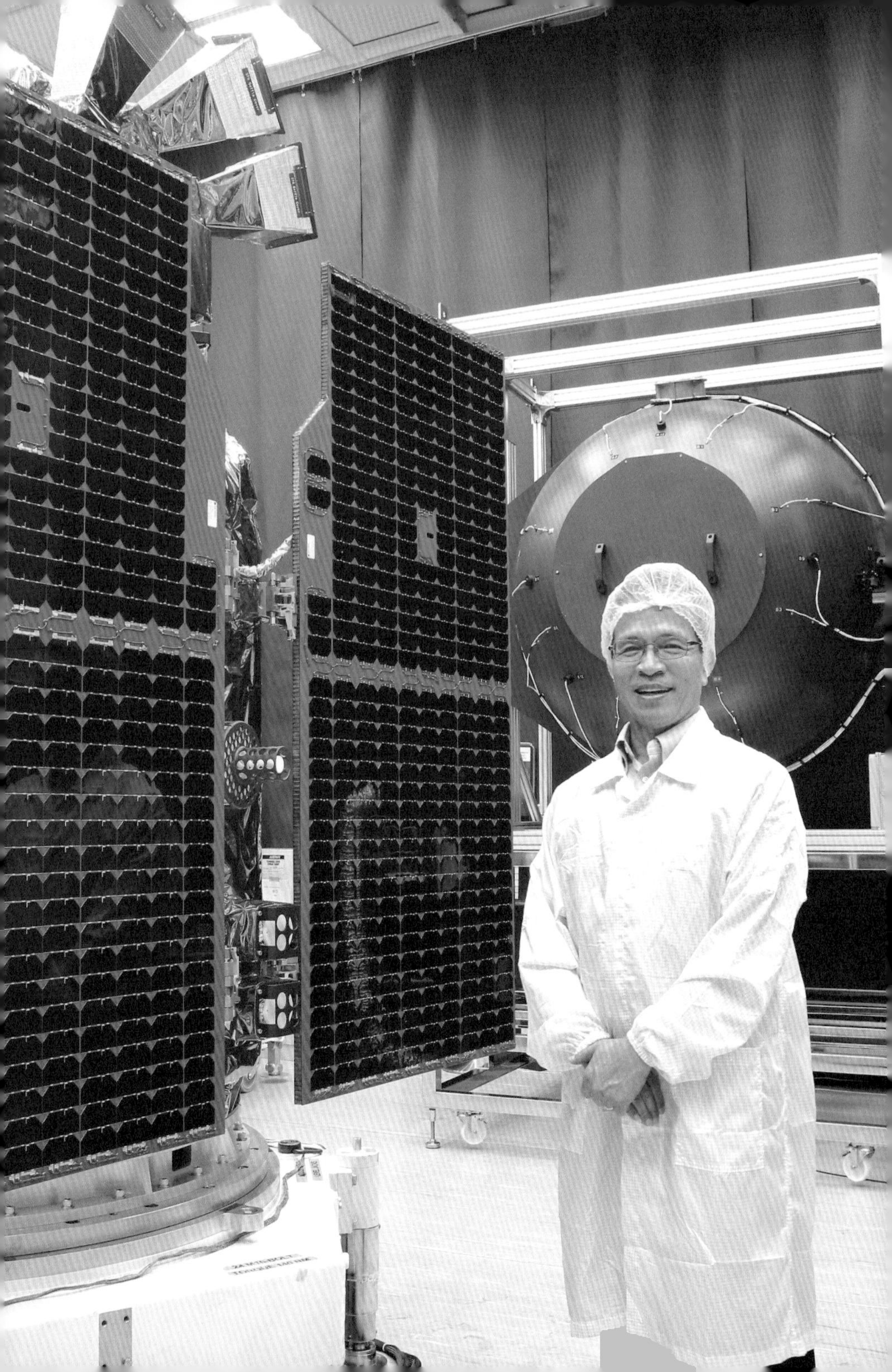

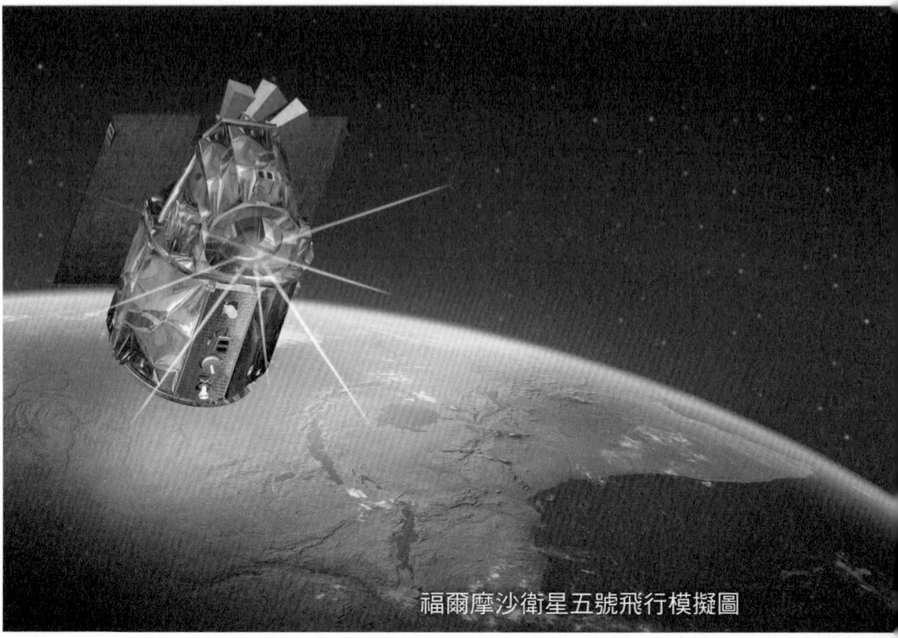

福爾摩沙衛星五號飛行模擬圖

心：「為什麼金屬做的飛機這麼重，卻能在天上飛？」對航太科技的興趣從此萌芽。他大學時就讀航太系，後來去了美國，就讀田納西大學太空研究院並取得博士學位。

張和本博士曾經在美國波音公司的衛星部門工作多年，後來選擇回到臺灣，在國家太空中心擔任「福爾摩沙衛星五號」計畫的主持人，並順利於二〇一七年發射福衛五號升空。

成為太空科學家必須具備哪些本事？完成一項太空計畫，又得面臨哪些挑戰？來聽聽張博士的經驗談！

Q&A

太空科學家是太空人嗎?

張和本博士(以下簡稱張):不一定喔。當太空人很不容易,不但要熟悉天文、物理、地球科學、數學等知識,還要能適應沒有重力的太空環境;為了能承受火箭升空時的巨大壓力,必須通過艱辛的體能訓練,所以能成為太空人的人很少。不過許多太空研究在地球上就可以做了,而且太空計畫需要許多角色共同參與,大部分太空科學家其實不上太空,也有很多太空計畫是不需要太空人的。

如何制定一個太空計畫呢?

張:太空計畫通常會用到很先進的技術,花費很多時間,需要的經費又很高昂,因此需要謹慎的評估、討論與規劃,才能訂立下來。

推動太空計畫的第一步是問:「我們需要什麼?」例如,NASA的火星計畫的目標可能是為了達成太空移民的夢想,而臺灣的福爾摩沙衛星二號及五號,對於防災、救災或國土規劃有幫助。有了目標之後,接下來得評估經費、時程、使用到的技術,以及需要哪些領域的科學家參與。

每個領域的科學家都有機會加入太空計畫嗎？

張：沒錯！太空計畫的範圍很廣，所以各個領域的科學家都有機會參與。研究太陽活動的計畫，需要天文物理學家；針對太空環境對藥物、材料甚至人體影響的研究，需要生物學家、材料學家等；人造衛星或是望遠鏡等太空計畫，則會需要物理學家、電機工程學家等。有些大型太空計畫，例如前進月球、火星的探險，更是得集結世界各國、各領域的科學家一同努力。這些人都可稱為「太空科學家」。

■研究人員正在組裝福衛五號的星象儀。

除了太空科學家，還有誰能參與太空計畫呢？

張：因為我們不可能自己做出全部的東西，一定要分工，所以還有很多廠商或單位會參與。例如，一顆人造衛星的組件有感測器、太陽能板、內部的電腦等，每個組件可能來自不同廠商或單位，最後我們再把它拼組起來——這種研發製作過程稱為「系統工程」。

我們做太空計畫不需要天才，而是需要按部就班的人，確實按照設計圖、程序步驟來做，才能順利完成。

把這麼多來自不同單位的東西拼湊起來，會不會很困難？

張：在系統工程裡面，最重要也最關鍵的事情，就是每個部分要能連接起來。像是我們的衛星裝上火箭時，有一兩百顆螺絲要鎖，只要有一顆螺絲對不準，就沒辦法順利發射了。我常說，我們做太空計畫不需要天才，而是需要按部就班的人，確實按照設計圖、程序步驟來做，才能順利完成。另一方面，太空計畫裡包括許多小系統，負責每個系統的團隊也必須和其他團隊有良好的溝通與合作。即使你

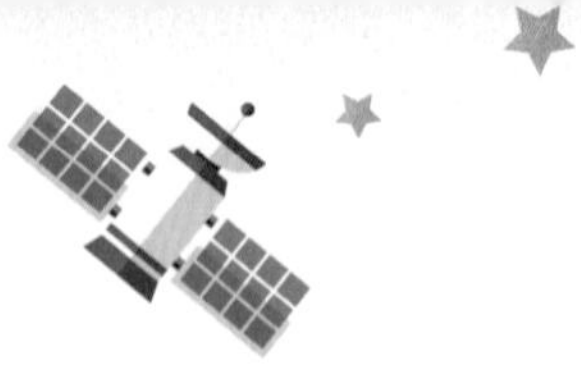

今天跟另一個團隊的人討論過程不愉快，明天還是必須跟對方繼續合作。所以從太空計畫當中，我們也能學習到團隊精神。

國家太空中心是個什麼樣的地方？有哪些部門呢？

張：國家太空中心的計畫大多和衛星有關，除了有一般的辦公室與研究室供工作人員使用，還有兩種相當特別的工作場所，一種是用來組裝與測試衛星的巨大無塵室，另一種是衛星操控中心。

什麼是無塵室？

張：顧名思義，無塵室就是幾乎沒有灰塵的房間。因為光是空氣裡的微小灰塵就可能傷害衛星，尤其是鏡片，一定要保持乾淨才行。

另外，無塵室裡有許多用來測試衛星的精密儀器，若灰塵太多，會影響儀器的準確度。其實人是很大的汙染來源，所以當我們進去無塵室時，也必須穿上白袍、無塵帽、手套、鞋套等，把自己包起來，以免造成汙染。有些規格更高的無塵室，甚至要求進去的人只能露出兩顆眼睛。

■衛星操控中心裡，最中間的螢幕顯示衛星的軌道及現在位置，右邊的顯示衛星與地面站通聯的時刻表，左邊則是地面站及衛星通聯訊號。

衛星操控中心是什麼樣的地方呢？是否像電影演的那樣，總是有那麼多人在裡面待命？

張：衛星操控中心是監測衛星位置及狀況，並且操控衛星的場所。衛星每天都要和國內外許多地面站聯絡，每次通聯時間大約十幾分鐘。操控中心值班人員會利用這段時間，下載衛星拍攝的照片或其他資料，並傳送新的指令。

雖然二十四小時都有人值班，不過每次只會有一、兩個人，並不像電影裡的NASA那樣滿滿都是人。

只有發生特殊狀況時，操控中心才會有很多人，例如福衛五號剛發射時，為了確認每項功能都正常，許多研究人員得徹夜不眠的待在操控中心裡。遇到問題時，不論你是負責衛星的哪個部分，都要一起討論、找出解決方法，不能只丟下一句「那不是我的問題」就回家休息。從這裡也能再次看出，團隊精神是很重要的。

太空計畫如此重視團隊合作，同事間的感情是否特別好？

張：我覺得我們團隊就像家人一樣。在做了多年太空計畫後，大家都變得比較包容。每個人都有長處和短處，只要多欣賞別人的長處，幫他補足短處，就能合作愉快，因此沒有不能一起工作的人。

美國、歐洲的太空總署有很多更大型的太空計畫，對於喜歡太空的讀者，您會建議他去國外看看嗎？

張：我覺得都可以！只要有心、肯努力，就算在臺灣做規模較小的太空計畫，也能有成果。我們自己做出了福衛五號，同事都很有成就感，甚至覺

太空中心持續進行更多的太空計畫，圖為 2019 年成功發射的福衛七號模擬圖，對於天氣預報、氣候觀測、太空天氣監控有很大的助益；福衛八號計畫也在進行中。

得它就像自己的孩子一樣，送上太空還有點依依不捨。

您建議有太空夢的讀者，現在可以做什麼準備呢？

張：多多閱讀太空方面的新聞，多關心國內外的太空計畫，以及世界的新發展與趨勢。例如，SpaceX 近年研發的火箭回收技術、獵鷹重型火箭，都是人類在太空科技的大進展。我相信只要先從多關心這些資訊開始，自然會對太空科技愈來愈有想法，並走出自己的路。

■國家太空中心於1991年成立，是臺灣太空計畫的執行單位。目前以培育人才、尖端技術及建立太空產業為主要任務。

臺灣火箭隊靈魂人物

吳宗信

看著福衛七號隨著美國火箭升空，不禁要想，如果臺灣的衛星能夠自己來運送，那該有多棒！

咻！火箭升空！這麼令人熱血沸騰的場面，是在美國還是歐洲？都不是，是在臺灣！

沒錯！臺灣也有火箭研究。國立陽明交通大學「ARRC前瞻火箭研究中心」已經在新竹溼地、屏東海邊，試射過幾十次。從一開始課堂上用蔗糖做燃料的小型實驗火箭，到幾十公斤的小型火箭系統，再到幾百公斤的混合式火箭推進器，他們的火箭愈做愈大、愈飛愈高，目標是

■美國密西根大學航太工程博士，國立陽明交通大學機械系特聘教授，創建 ARRC 前瞻火箭研究中心，現任國家太空中心主任。同時也是美國機械工程師學會會士、美國航太協會副會士。

目前約 40 位年輕人參與 ARRC 前瞻火箭研究中心的火箭計畫。圖中為 2018 年底小型火箭 APPL-10 試射，測試結果可提供 HTTP-3A 參考。

讓臺灣能在興起的太空經濟中占有一席之地。

二〇一九年福衛七號登上太空，是使用美國 SpaceX 的火箭來運送。想想看，如果有一天，臺灣的衛星能用臺灣自己製造的火箭來運送，那該有多棒！

這個目標看似遙遠，但前瞻火箭研究中心正逐漸接近中。臺灣的火箭究竟長什麼樣子？目前研究進展到什麼程度？許多問題，就請「臺灣火箭隊」的隊長——陽明交通大學機械系的吳宗信教授來幫我們解惑。

Q&A

「前瞻火箭研究中心」在哪裡？是誰在做火箭呢？

吳宗信教授（以下簡稱吳）：前瞻火箭研究中心簡稱ARRC，二〇一二年在新竹的國立交通大學正式成立，屬於跨校研究中心，一開始主要由交通大學機械系的我、成功大學工程科學系的何明字老師、臺北科技大學電子系的林信標老師，帶著學生一起做火箭，還有十幾位全職的工程師，總共有三四十個人。目標是發展臺灣自主研發、製造的運載火箭。

臺灣的火箭長什麼樣子？

吳：火箭基本上都有一個外殼，裡面有引擎、飛行電腦、通訊系統、噴嘴等，一定是長長的，長度和直徑的比例一般超過十，重量就不一定了，像SpaceX的火箭有六七百公噸，阿波羅計畫的農神五號更重。這些大型的火箭可以把衛星送入軌道，叫太空載具。臺灣火箭至今則是「探空火箭」，比較小，飛行高度五十到三百公里，不會進入軌道，而是飛上去、可能打開鼻錐頭，讓火箭裡的科學儀器進行即時實驗，像是氣象、電離層等，再

掉下來。我們目前做的火箭仍是探空火箭等級。

研究火箭對臺灣有什麼好處？

吳：現在全世界大概有一千五百顆衛星在天空繞，其中百分之六十跟通訊有關，我們的手機就需要衛星；有的衛星則對國防、外交、民生、氣象等很重要。沒有火箭，衛星就上不了太空，依賴別的國家不一定行得通，所以臺灣應該要培養自己的發射能力。另外，火箭研究的技術很複雜、很尖端，需要各種領域最頂尖的知識和專長，如果做得出來，能運用在許多地方。例如燃料電池、太陽能板，都是從當初的阿波羅計畫發展出來的。再想想看，如果能夠靠自己的火箭把自己的衛星送上太空，所有人，包括我們自己，一定都會覺得臺灣很棒！

研究時覺得最困難的地方是什麼？

吳：火箭研究的技術門檻很高，需要很多資金，從二〇〇八年到二〇一九年底，包括募款和研究經費，我們大概已經花了兩億臺幣，一路走來資源一直不足。但我有群不錯的朋友，還有群熱情的學生，不離不棄，而且我畢生希望替臺灣做一件「需要一堆人一起完成，而且需要很高技術」的事，「火箭」就是這樣的事。

ARRC下一步是什麼？

吳：我們近期研發的火箭叫HTTP-3A，預計在二〇二二年發射到一百公里以外的太空，上面還會搭載控制技術。

> 碰到困難反而是機會，當你不知道怎麼解決，
> 只要堅持想要解決，一定會想出方法。

過去我們研發的火箭都無法控制姿態與軌跡，而是利用高加速度發射出去，利用尾翼產生旋轉，讓火箭能穩定飛行，像幾年前成功試射的HTTP-3S就是有尾翼的單節火箭。不過火箭飛行有所謂的「姿態」，像是旋轉、方向、高度等，如果未來想把東西送入軌道，就必須發展「推力向量控制」技術。歐美日那些可運送衛星的大型火箭都沒有明顯的尾翼，而是透過控制引擎的推力大小及方向控制飛行。HTTP-3A將是可控制飛行姿態的探空火箭，這和過去的探

空火箭不一樣。它沒有明顯尾翼，但可控制姿態，技術比過去困難，因為要控制高速飛行物體的姿態和路徑沒那麼簡單，等級完全不同！

所以臺灣真的有可能上太空？

吳：臺灣是很強的！工業水準在世界兩百多個國家大約排名第六到八，上太空所需要的基礎工業幾乎都有。而且上太空是看怎麼定義，飛到一百公里外的高空進行探測已算是上太空，若更嚴肅看待，則要發展太空載具，把東西送入軌道運行。HTTP-3A將具備太空載具的種種技術，將來若資源充足，發展更成熟，能具備更大的動能、速度更快，就有機會從探空火箭升級為太空載具。

如果讀者想做火箭，現在該怎麼做？

吳：數學要好，物理、化學也相當重要，而且要關心太空基本知識，至於未來進大學要讀什麼科系，我認為只要是理工學院就可以。因為火箭是很複雜的系統，不同科系的人在其中都能找到不同的戰鬥位置。只要有心，遇到合適的機會、環境，就可以做。

透視臺灣火箭

HTTP-3A 為混合式燃料火箭，高 9 公尺、最大直徑 0.8 公尺、起飛時重量小於 800 公斤，不需發射架即可垂直往上發射。

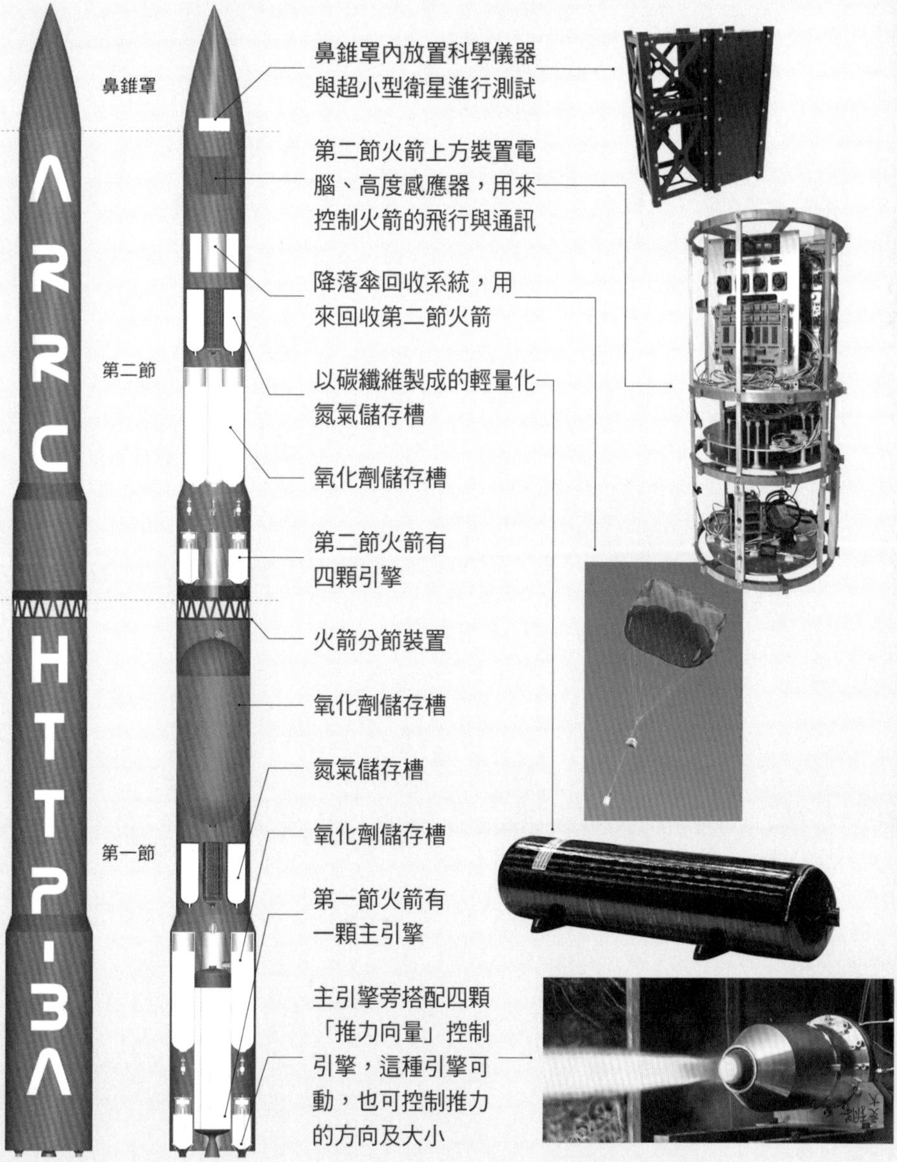

鼻錐罩
第二節
第一節
鼻錐罩內放置科學儀器與超小型衛星進行測試
第二節火箭上方裝置電腦、高度感應器，用來控制火箭的飛行與通訊
降落傘回收系統，用來回收第二節火箭
以碳纖維製成的輕量化氮氣儲存槽
氧化劑儲存槽
第二節火箭有四顆引擎
火箭分節裝置
氧化劑儲存槽
氮氣儲存槽
氧化劑儲存槽
第一節火箭有一顆主引擎
主引擎旁搭配四顆「推力向量」控制引擎，這種引擎可動，也可控制推力的方向及大小

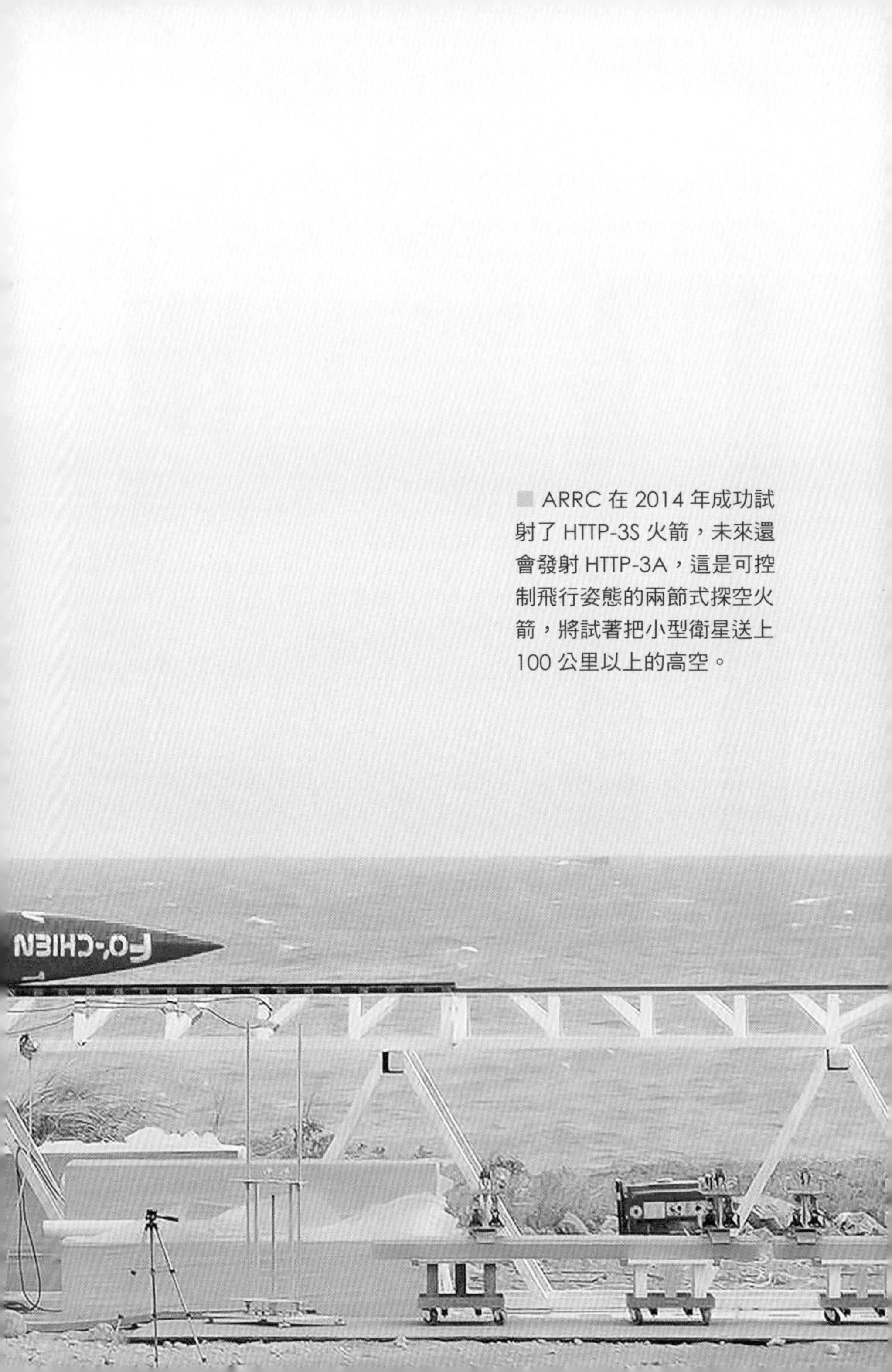

■ ARRC 在 2014 年成功試射了 HTTP-3S 火箭，未來還會發射 HTTP-3A，這是可控制飛行姿態的兩節式探空火箭，將試著把小型衛星送上 100 公里以上的高空。

前瞻火箭
ARRC

把宇宙看透澈

王為豪

為了把宇宙看清楚，他走訪世界各地的大型望遠鏡，留下自己的足跡，也拍下了這些天文臺與天際的美麗身影。

天氣晴朗的夜晚，天空中滿是星星，總能引起我們對天文宇宙的好奇。對天文學家來說，世界各地的大型望遠鏡，是探索宇宙的好工具。它們跟一般望遠鏡截然不同，看得更遠，有著更好的解析度，而且結構愈做愈大，有些就像巨無霸一樣！天文學家必須善用它們，才能好好觀測各種天體。中央研究院天文所的研究員王為豪博士，就是一位與大型望遠鏡為伍的天文學家，他想看的是宇宙中既古老又遙遠的星系，這些

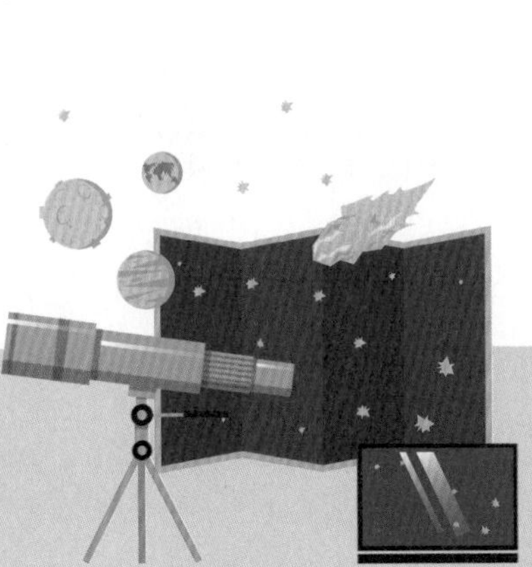

臺灣天文學家，夏威夷大學天文博士，現為中央研究院天文及天文物理研究所副所長，同時以天文攝影聞名。

EM-11

星系常常充滿塵埃與雲氣，像蒙上了神祕的面紗，在可見光波段不易看見，唯有使用次毫米、毫米等其他光波範圍的望遠鏡，才能一窺它們的真面目。

對星系的興趣使得王為豪有了走訪世界各地望遠鏡的機會，儘管現在許多時候，天文學家只要請天文臺的操作員幫忙觀測就好，不必風塵僕僕的上山，但王為豪說：「我還是喜歡自己上去天文臺。」除了可以親臨現場，主導觀測狀況外，又可以離開研究室、遠離城市的塵囂，一舉兩得。

另一方面，王為豪也是知名的天文攝影達人，累積了不少美麗的天文攝影作品，時常在全世界的天文攝影論壇引發討論。在訪談的過程中，只要說起天文攝影，他眼中總散發出自信的光芒，儘管天文攝影有辛苦的一面，但可從中感受到他對宇宙的喜愛及執著。

在進行天文研究時，王為豪用大型望遠鏡及精密的儀器，探索宇宙深處的奧祕；在做天文攝影時，他則用自己的望遠鏡及數位相機，欣賞宇宙深處的美麗。來聽聽王博士分享在天文臺工作的點滴，並欣賞他眼中的美麗宇宙吧！

Q&A

世界各地的天文臺，你去過哪些呢？

王為豪博士（以下簡稱王）：我去過很多地方吧！光是夏威夷茂納開亞山上的天文臺，我就去過凱克望遠鏡、麥斯威爾望遠鏡、次毫米波陣列望遠鏡等，大約八、九個吧！還去過智利的超大望遠鏡、阿塔卡瑪大型毫米及次毫米波陣列，還有美國的極大陣列電波觀測站、綠堤望遠鏡等。不過不一定是為了觀測，像我去阿塔卡瑪大型毫米及次毫米波陣列，就是專程去參觀的。

夏威夷的茂納開亞火山是天文觀測的重要基地。

我最常去茂納開亞山，那裡很適合蓋天文臺，山上的天文臺超過十座。而麥斯威爾望遠鏡和次毫米波陣列望遠鏡都有跟中研院天文所合作。

您去天文臺觀測時，工作內容大概是在做什麼呢？

王：我們（天文學家）去天文臺時，會跟天文臺裡的望遠鏡操作員一起上山，把我們的觀測需求告知操作員，讓操作員進行觀測。另外天文臺都建在很高的山上，氧氣濃度很低，任何人都有可能突然身體出狀況，所以多數天文臺規定不能單獨一人待在天文臺，不論何時，一定要有兩人以上。因此我們還有一個任務是要「確認彼此健康」。

天文學家不能自行操作望遠鏡嗎？

王：不一定，我操作過夏威夷大學的兩公尺望遠鏡，它算小型的光學望遠鏡，從找觀測目標、曝光到拍照，都由我自己完成。

不過大型望遠鏡的操作很複雜，只有受過專業訓練的操作員可以執行，有些甚至要兩個以上的操作員負責不同的事項。舉例來說，每次使用速霸陸望遠鏡觀測，除了提出觀測需求的天文學家，至少還要有兩位操作員，一位負責操作望遠鏡上的精密儀器，另一位操作望遠鏡、圓頂及四周窗戶的開關，控制進出的氣流。因為望遠鏡愈大、愈精密，對觀測環境的要求也愈高，連圓頂內外溫度差可能產生的熱對流，都要盡量避免。

在天文臺觀測時，一次要待多久呢？

王：為了健康考量，我們不會在天文臺上待太久。例如茂納開亞山上的天

■茂納開亞山上海拔 3000 公尺處，有一個生活基地，觀測人員的食宿都在這裡解決。

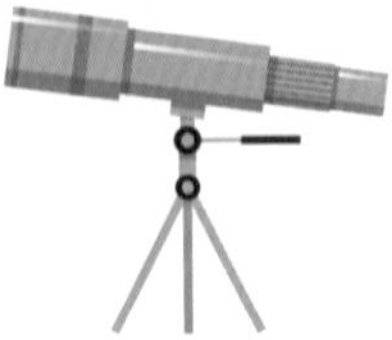

文臺規定，任何人在海拔三千公尺以上，每天只能待十四小時，時間到了就一定要下山。

也因此，在茂納開亞山海拔三千公尺處的半山腰有個基地，我們吃飯睡覺都在那裡。這個基地是山上所有天文臺共用的，包括幾個小宿舍、一個餐廳、幾個小辦公室。大約十幾年前，天文學家還必須常上山時，每到吃飯時間都

能在少數還算成功的照片上看到自己拍的東西，
就算只有一點點，也很感動。

很熱鬧，全世界的天文學家聚集在那裡，光打招呼就打不完了。

茂納開亞山上有那麼多天文臺，彼此會互相干擾嗎？

王：有些天文臺在觀測時，會打雷射光到天空，如果同時間有另一個天文台也想觀測同一區域，就會被干擾。因此茂納開亞山上的天文臺有一個共同系統，可以協調觀測，比如某個天文臺正在觀測某個區域，如果另一個天文臺想往這個區域打雷射，就會被系統阻止。

雷射光也可能干擾到經過的飛機，因此這些天文臺還合資聘僱了當地人，專門負責在戶外「看飛機」，很特別吧！如果有飛機要經過雷射照射的區域，他就會強制關閉雷射。

從天文臺看星星一定很美！您會趁著上天文臺時攝影嗎？

王：從天文臺看星星確實很美，但我不太會帶大臺的望遠鏡上天文臺，因為山上缺氧，如果扛著望遠鏡上去相當耗費體力。但我會帶著相機，偶爾用相機記錄。

您是如何喜歡上天文攝影的呢？

王：一開始是因為讀臺南一中時參加了天文社，寒暑假我們都會到阿里山觀星，雖然常遇到天氣不好的情況，但也有天氣好的時候，而我第一次看到很漂亮的星空，就是高中時在阿里山上看到的。

那時我曾嘗試要攝影，不過技巧還不純熟，而且當時使用底片攝影，常常都是等照片沖洗出來，才知道沒有拍好，失敗率很高。但是能在少數還算成功的照片上看到自己拍的東西，就算只有一點點，還是很感動。

■王為豪用天文望遠鏡及相機，記錄宇宙的點滴美景。左為仙女星系，它和銀河系同是本星系群裡的鄰居，與銀河系相距約 250 萬光年；最上圖為 1997 年 3 月哈雷彗星來訪。

■上圖為獵戶座大星雲，距離地球約 1344 光年，是天文學家觀測恆星形成過程的重要目標；左頁上圖為 2017 年北美日全食時，王為豪拍攝的日冕；左頁下圖為 1997 年的月全食。

至今您最滿意哪張天文攝影作品呢？

王：（抬頭看向研究室的牆上）就是那一張仙女星系的照片。這張照片是二〇一八年八、九月才完成的，曝光時間高達五六十個小時，不是一次就能拍完，必須分很多次拍攝，再用電腦把影像堆疊起來。仙女星系是秋冬出現的星系，最好的觀測季節是九月到十二月，而每次上山，能曝光的時間大約三至七個小時不等，又要天氣好而且我有空閒時才能上山拍攝，因此為了拍出這張照片，我從二〇一六年就開始，陸續拍了三年才完成！

如果有讀者對天文或天文攝影有興趣，您有什麼建議嗎？

王：有機會就多去看星星吧！現在也有不少天文相關的營隊，可以多去參加。不過我覺得就算不是天文營隊，也可以參加看看，因為在青少年時期就該廣泛的接觸與嘗試，開心就好！至於對天文攝影有興趣的朋友，可以先參加觀星活動，學習如何用簡單的腳架與數位相機拍到照片。初期不用特別花錢買設備，用家裡現有的器材就好，因為只要看到「自己拍到的星星」，就一定會很開心！

▲茂納開亞山上的麥斯威爾望遠鏡，具有口徑 15 公尺大的次毫米波天線，當望遠鏡為了換觀測目標而轉動時，觀測室也會一起轉。它旁邊還有個比較小的望遠鏡，也是一樣的設計，但轉得更快，曾經有人在裡面轉到頭暈。

▶極大陣列電波觀測站是由 27 座碟型天線排列成 Y 字型組成，這些天線接收的是無線電波，對製作的精細度要求不高，因此有時會開放讓人參觀行走！王為豪就曾走在天線上頭。

④天文臺安排時段給天文學家，天文學家可在這個時段上山一同觀測。

⑤天文學家取得觀測資料。

④天文臺的觀測人員依據申請計畫的優先順序及需求，自行安排觀測。

⑤天文臺之後會將資料全數公開，所有人都可以取得，自行分析研究。

天文學家與天文臺的合作

大型天文臺的觀測時間非常珍貴，世界各國的天文學家每年都會寫申請計畫，但申請通過的比例只有 10 ～ 30%。幸好，這些天文臺的觀測資料相隔一兩年後都會開放，讓全世界的天文學家一起共享。

①天文學家提出使用大型望遠鏡的申請計畫。
來觀測遙遠的星系吧！
③申請通過了！
YA！
②天文臺邀請專家審核申請。
遙遠星系？
好像不錯！
③申請沒通過，計畫中止……

來去天文臺當Maker

林宏欽

在一次觀星活動中，他被星星「電」到，從此和天文觀測結下緣分，後來不只參與了天文臺的創建，還成為臺長！

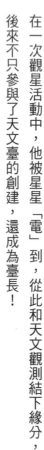

你喜歡看星星嗎？如果你總是被美麗的星空吸引，一定要好好認識「鹿林天文臺」，那裡是全臺灣最好的觀星地點之一，也是臺灣天文迷的熱門「朝聖」目標。鹿林天文臺位在海拔兩千八百多公尺高的地方，一旦入夜，沒有光害，沒有空氣汙染，只有滿天的星星相伴。

但是，要享受觀星的浪漫，付出的代價不小。鹿林天文臺位於玉山國家公園內，嘉義縣與南投縣交界的鹿林前山，地處偏遠，車子開到山下後，還得徒步走

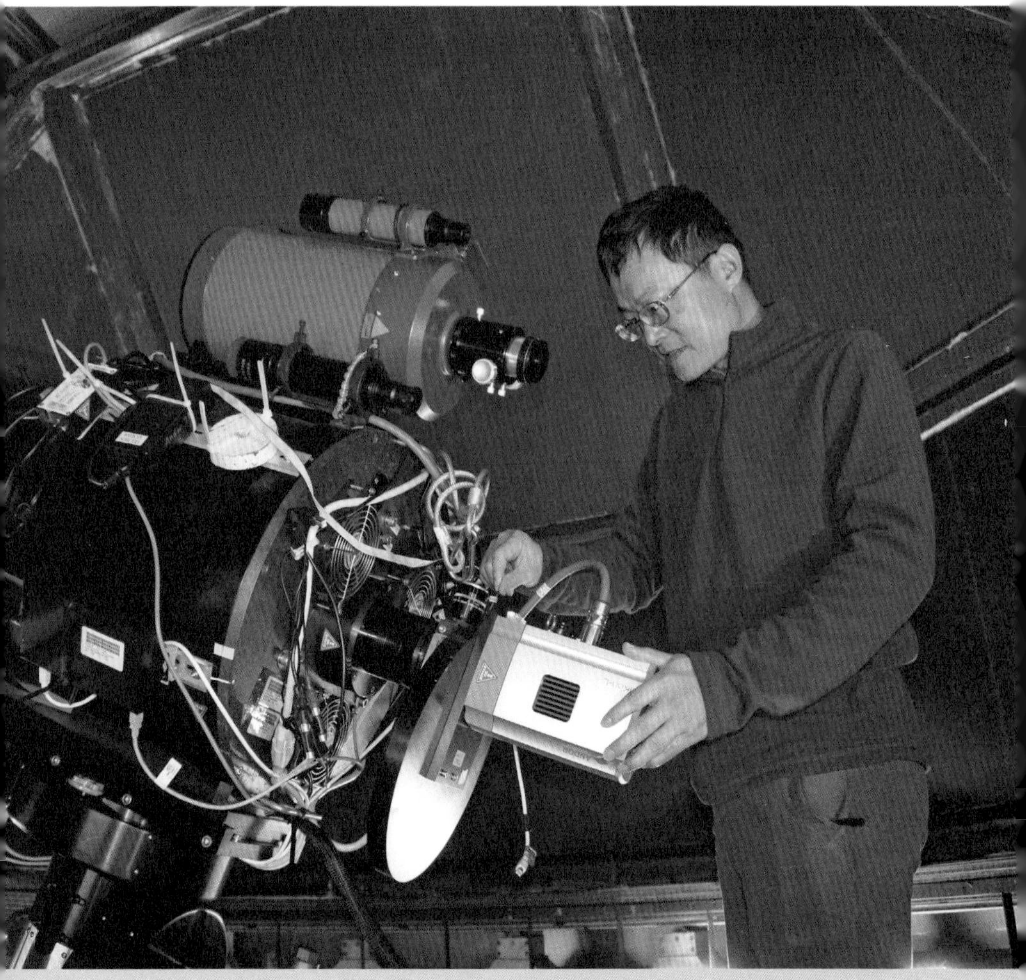

■中央大學天文所畢業，「鹿林」小行星和「嘉義」小行星的發現者。
曾任職於臺北市立天文科學教育館，現為中央大學鹿林天文臺臺長。

半小時的山路才能抵達。一九九〇年中央大學天文所計劃建立鹿林天文臺時，那裡荒蕪一片，雜草叢生，想當然也沒水沒電，食衣住行樣樣都是問題。

當時還是中央大學研究生的林宏欽，跟著指導教授蔡文祥參與選址，接著和實驗室同伴們發揮Maker精神，一步一腳印把鹿林天文臺建設起來，最後林宏欽還成了臺長。

林宏欽回憶一開始的鹿林天文臺，只有一座簡陋的鐵皮屋，裡面放了一具口徑三十五公分的望遠鏡，用來進行與天文選址相關的觀測，屋頂打開之後常常關不起來。沒水，就從山下背上去；沒電，就用發電機，發電機需要的油也是從山下背上去；沒冰箱，只好餐餐吃稀飯配罐頭。

經過多年的努力以及國家經費的挹注，現在鹿林天文臺的水電等基礎設施都已完備，學校聘雇了幾位助理幫忙補給、搬運、料理三餐，最重要的觀測任務也由三位觀測員專責進行。鹿林天文臺有好幾部望遠鏡，其中一部的口徑為一公尺——這可是目前全臺灣最大的望遠鏡！每天都有觀測人員在天文臺忙碌著，為國內的研究計畫做觀測，也參與許多國際合作計畫。

身為臺長的林宏欽，笑稱自己就像民宿老闆，除了要打理來訪人員的食衣住行、生活起居外，更要照顧天文臺裡大大小小的望遠鏡，為科學服務。來聽聽林宏欽分享天文臺的工作日常。

Q&A

鹿林天文臺上的工作內容是什麼？

林宏欽臺長（以下簡稱林）：當然是看星星嘍！每天晚上，鹿林天文臺上的觀測人員都在用望遠鏡看星星，他們不是在欣賞星空，而是幫忙國內外天文學家觀測，並收集資料。我們每年都會接十幾個計畫，這些計畫的執行人員不一定會上山，所以就由我們來做觀測，提供資料給他們。

有時候一個晚上會有好幾個計畫同時進行，觀測人員就會很忙碌的不停操作儀器。

既然主要工作是觀測星星，晚上是不是不能睡覺？

林：沒錯，所以我們的作息常日夜顛倒。夜晚是我們最主要的工作時間，經過一整晚的觀測，清晨五、六點結束後，我們會隨便吃一點「早餐」，再去睡覺。

下午起床後，通常會整理前一天的觀測資料，接著準備晚上的觀測，然後入夜又開始工作。

天文觀測必須「看天吃飯」，如果天氣不好，觀測人員也可能提早結束工作，早點休息。

在鹿林天文臺工作，覺得最有成就感的是什麼？

林：對我來說，是有幸參與了整個天文臺從無到有的過程，為國家天文事業盡了一分心力。鹿林天文臺從零開始，到了現在有一點規模，有基礎設施、望遠鏡可以運作，就是這二三十年累積起來的。

能全程參與讓我很有成就感。學生時期的訓練讓我具備天文的知識、望遠鏡的技能，但很多天文臺的實務經驗是真正到了這裡，在實際運作的過程中碰到問題，然後想辦法解決，才學

天文臺該蓋在哪裡？

為了觀測星空，科學家會考慮哪些事？

夜晚晴朗嗎？如果一年的晴夜數太少，常常有雲甚至下雨，就不適合蓋天文臺。

大氣穩定嗎？氣流擾動會讓星光晃動模糊，如果大氣不夠穩定，觀測品質會降低。

夠乾燥嗎？水氣會吸收紅外線等波段的光，影響觀測品質，所以大氣愈乾燥愈好。

高海拔地區通常雲量較少、大氣穩定，較沒有光害和空汙，而且氣溫較低，因此大氣中的水氣也較少。基於這些優點，多數天文臺都蓋在很高的地方，例如建置許多大型望遠鏡的夏威夷茂納開亞山頂，海拔高度四千多公尺。

鹿林天文臺每年晴夜數約 180 天，海拔 2862 公尺，由於臺灣氣候較潮溼，多少會遇到高水氣甚至下雨，雖然許多條件不如國外天文臺，但鹿林有個優勢——臺灣緯度低，可以觀測到 90%的天區範圍，比很多高緯度國家來得大！

■鹿林天文臺的平房是平常起居及控制望遠鏡的地方，望遠鏡在較高的白色圓頂裡，觀測時圓頂會打開。

到的。這些經驗對未來的工作或生活都很有幫助。

您會踏上天文之路，是因為從小喜歡看星星嗎？

林：一開始是高中時糊里糊塗的加入了天文社。有次跟著學長去陽明山觀星，看見了晃來晃去、好像樂樂球的土星，那份感動讓我印象深刻。之後我就與天文、望遠鏡結下不解之緣，開始玩望遠鏡，沒想到愈玩愈大臺，現在甚至「玩」到全國最大的望遠鏡——這對我來說是很棒的事。

為什麼沒有選擇當天文學家，而是做了天文臺臺長？

林：當天文學家得念很多書吔！其實天文領域裡，不只需要做研究的天文學家，要維持一個天文臺運作，還需要望遠鏡等儀器的維護專家，以及能夠解決食衣住行和水電等生活問題的人。而我就是愛玩望遠鏡，所以得到這樣的機會。

如果喜歡天文臺的工作，除了鹿林之外，還可以去哪些天文臺呢？

林：國外也有很多天文臺啊！而且大

部分的天文臺有馬路可以開車進去，各方面條件可能都比我們好。鹿林天文臺因為地理環境的因素，是世界上少數沒有馬路的天文臺，得爬山才能觀測；另一方面鹿林天文臺的規模不算大，國外有些天文臺規模很大，望遠鏡的口徑也大，還有天文學家固定在裡面工作。目前全世界最大的望遠鏡口徑可是高達十公尺呢！若能出去見識一下，是很幸福的事。

在鹿林看見小行星

鹿林天文臺曾在 2006 到 2009 年發現許多小行星，因而聲名大噪。當時研究團隊用口徑 40 公分的望遠鏡，密集觀測夜空中的小天體，短短三年內發現了 800 多顆小行星，包括一顆彗星！

小行星的發現者經過確認後，就可以幫那顆小行星命名。鹿林天文臺已經取得 400 多顆小行星的命名權，已命名的有 100 多顆，「嘉義」、「屏東」等地名都在名單裡，還有「雲門」、「慈濟」、「布農」、「周杰倫」等，具有濃濃臺灣味。

■比對同一區域的兩張照片，找找看哪顆星星移動了位置？它就是小行星喔！

能夠參與整個天文臺從無到有的過程，
為國家天文事業盡一分心力，是讓人最有成就感的事。

Mimi 老師說

築起衝向夢想的火箭！

這個章節的達人將所學貢獻給天文研究，天文學是古老的科學，研究範圍包括恆星、星系和整個宇宙，聽起來似乎遙不可及，但科學家穩紮穩打，築起裝置完備的火箭，進入了太空。夢想也是如此，唯有一步一步努力前進，才可能衝向屬於自己的星球。

我記得我小時候有不少夢想，但因為知道自己喜歡生物，所以求學過程中，一開始就往自然類科系前進。準備大學聯考時，我在護理師與老師兩個志願之間猶豫，高中老師跟我說護理師永遠不會失業，但是教師資格超難考，所以我把護理系設定為第一志願。沒想到當年護理系很熱門，後來我按分數進入了生命科學系，最後成為生物老師。

雖然現在的我似乎完成了小時候的夢想，但還是持續在摸索與思考——這是自己真正喜歡的工作嗎？這個工作適合我做一輩子嗎？人一生的夢想可能不只一個，也可能隨著時間有所調整與改變，重要的是起身去做些什麼，別讓夢想流於空談！記住，火箭不發射是無法進入太空的！

想想看：

①想像一下，十年後的你在做什麼，或未來想過怎麼樣的生活？試著描述一下，愈詳細愈好。然後想一想，現在該怎麼做，未來才能達成目標？

②人一生的夢想可以不只一個，而且可大可小，你心中有哪些想完成的目標？一千個想法不如一次行動，勇敢的踏出第一步，寫下一百件想做的事，列出你的人生夢想清單！

科學家都在做什麼？ 21位現代科學達人為你解答

作者／郭雅欣、陳雅茜、許雅筑、吳欣庭、謝宜珊、鄭茜文
封面繪圖／ Sonia Ku

出版六部總編輯／陳雅茜
資深編輯／盧心潔
美術設計／趙　璦

圖片來源／ p6~9、12~14、16~17、20、22、26、38~40、42~45、48、53、66、70、73、102、104~106、108、144、146、150、200、202~203、206~207、212 ©Shutterstock；p10、15、49、56~65、94~96、99~101© 張睿洋；p11© 孫維新；p20、24~25、27© 程曉桂；p21、46~47© 陳雅茜；p23、152~153© 達志影像；p25、30、33~35© 葉維怡；p26、29、35~37© 刑事警察局；p39、42~43、103、107、110~111、128~129、131~132、201© 陳金纛；p19、46、48、50、52、77、127、179© 趙璦；p53、72©Wikimedia Commons；p54~55© 林家蔚；p57、60© 邱俊褘；p66~67、69© 黃菁慧；p72© 胡哲瑋；p72©FLL；p74~75、124~125、174~175、226~227©pikisuperstar；p75、125、164~170、175、216、218~220、222~223、封底 ©rawpixel；p78、80、84~87、90~91、93、128~130、132、134~135、154、156~158、160~163、214~215© 桃子；p79、81~83、86、88~89、92© 黃美秀；p95© 李汪玲；p98© 黃仕傑；p110~111© 天氣風險管理開發公司；p112、114、116、119、151© 捲貓；p113、117、121~123 ©Steven Pearce；p118© 徐嘉君；p122~123© 陳國瀚；p128、135© 吳昌樺；p136、138、140、142©vectorjuice；p137、139、141、143© 林憲德；p145、147、153© 王巧萍；p148© 上下游新聞市集；p151© 孫基榮；p152~153© 陳清旗；p153©freepik；p155、159© 張東君；p162©《有怪癖的動物超棒的！圖鑑》；p164~170、178、181~184、186、194~195©marcovector；p165、169、171© 林文隆、黃雪茹；p172~173© 莊雅涵；p179~180、182、185、187~189© 國家太空中心；p190、192、197~199© 國立陽明交通大學 ARRC 前瞻火箭研究中心；p191© 吳宗信；p203、205、208~211© 王為豪；p213©William Montgomerie、Image courtesy of NRAO/AUI；p217、221、223~225© 林宏欽

發行人／王榮文
出版發行／遠流出版事業股份有限公司
地址：臺北市中山北路一段 11 號 13 樓
電話：02-2571-0297　傳真：02-2571-0197　郵撥：0189456-1
遠流博識網：www.ylib.com　電子信箱：ylib@ylib.com
著作權顧問／蕭雄淋律師
ISBN ／ 978-957-32-9295-1
2021 年 11 月 1 日初版

定價 · 新臺幣 380 元

科學家都在做什麼？: 21 位現代科學達人為你解答 / 郭雅欣, 陳雅茜, 許雅筑, 謝宜珊, 鄭茜文作. -- 初版. -- 臺北市 : 遠流出版事業股份有限公司, 2021.11
面； 公分
ISBN 978-957-32-9295-1 (平裝)
1. 科學家 2. 訪談 3. 通俗作品
309.9　110015049

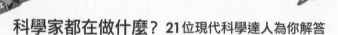

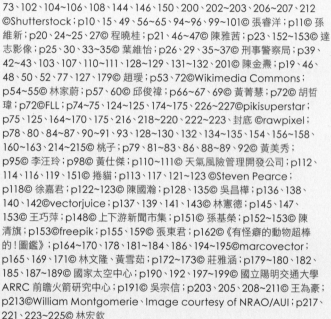